진짜진짜 킨더 사고력 수학

D 생활수학

여수미 지음 | **신대관** 그림

《진짜진짜 킨더 사고력수학》은
열한 명의 어린이 친구들이 먼저 체험해보았으며
현직 교사들로 구성된 엄마 검토 위원들이 검수에 참여하였습니다.

어린이 사전 체험단

길로희, 김단아, 김주완, 김지호, 박주원, 서현우, 오한빈, 이서윤, 조윤지, 조항리, 허제니

엄마 검토 위원 (현직 교사)

임현정(서울대 졸), 최우리(서울대 졸), 박정은(서울대 졸),

강혜미, 김동희, 김명진, 김미은, 김민주, 김빛나라, 김윤희, 박아영, 서주희, 심주완, 안효선, 양주연, 유민, 유창석, 유채하,

이동림, 이상진, 이슬이, 이유린, 정공련, 정다운, 정미숙, 정예빈, 제갈종면, 최미순, 최사라, 한진진, 윤여진(럭스어학원 원장)

SISO
study

지은이 여수미

여수미 선생님은 서울대학교에서 학위를 마친 후, K.E.C 컨설팅 그룹에서 수학과 부원장을 역임하였습니다. 국내 및 해외 의대 진학과 특목고 아이들을 위한 프로그램 개발 및 컨설팅을 담당하였고, 서울 강남에 있는 소마 사고력전문 수학학원에서 팀장 선생님으로 근무하였습니다. 현재는 시사 교육그룹의 럭스아카데미 수학과 총괄 주임으로 재직 중이며, 럭스공부연구소에서 사고력 수학 및 사고력 연산 교재를 활발히 집필하고 있습니다. 그동안 최상위권 자녀들을 지도해온 경험을 바탕으로 《진짜진짜 킨더 사고력수학》에 그간에 쌓아온 모든 노하우를 담아내었습니다. 대치동 영재 교육의 핵심인 '왜~?'에 집중하는 사고방식을 소중한 자녀와 함께 이 책을 풀어나가며 경험해보시길 바랍니다.

그린이 신대관

신대관 선생님은 M-Visual School에서 회화, 그래픽디자인, 일러스트레이션을 공부했으며 현재 그림책 작가로 활동하고 있습니다. 개성 넘치는 캐릭터, 강렬한 컬러, 다양한 레이아웃을 추구합니다. 그동안 그린 책으로는 《플레이그라운드 플레이》, 《뱅뱅 뮤직밴드》, 《기분이 참 좋아》, 《매직쉐입스》, 《너티몽키》, 《어디에 있을까》, 《이솝우화》, 《누가누가 숨었나》 등이 있습니다.

D 생활수학

초판 발행 2021년 1월 15일
글쓴이 여수미
그린이 신대관
편집 이명진
기획 한동오
펴낸이 엄태상
디자인 박경미, 공소라
마케팅 본부 이승욱, 전한나, 왕성석, 노원준, 조인선, 조성민
경영기획 마정인, 최성훈, 정다운, 김다미, 오희연
제작 조성근
물류 정종진, 윤덕현, 양희은, 신승진
펴낸곳 시소스터디
주소 서울시 종로구 자하문로 300 시사빌딩
주문 및 문의 1588-1582
팩스 02-3671-0510
홈페이지 www.sisabooks.com/siso
네이버 카페 시소스터디공부클럽 cafe.naver.com/sisasiso
이메일 sisostudy@sisadream.com
등록일자 2019년 12월 21일
등록번호 제2019-000149호

ⓒ시소스터디 2021

ISBN 979-11-91244-03-8 63410

머리말

5세 이전에는 수학을 '공부'하는 것보다는 일상에서 다양한 수 개념, 도형, 규칙 등을 자연스럽게 경험할 수 있도록 하는 것이 좋습니다. 반면 5세부터는 생활 속 수학을 다양한 교구와 주제에 맞는 문제 풀이를 통해 개념화시키고 반복학습하면 수학적 사고력과 문제 풀이 능력이 훨씬 높아질 수 있습니다.

이 책은 유아들이 수학을 배울 수 있는 영역을 수, 연산, 도형, 생활수학 4가지로 나누었고 학습 내용을 다양한 놀이 활동과 함께 제시했습니다.

이 책으로 아이들이 즐겁게 소통하며 수학 기본기를 쌓아 자신감을 갖고 누구나 수학 공부를 할 수 있다는 것을 경험해보면 좋겠습니다.

마지막으로 저도 아이를 낳아 기르게 되면서 엄마들이 수학 기관에 의지하지 않고 아이들과 집에서 수학 공부를 즐겁게 했으면 좋겠다는 생각이 들었습니다. 모든 엄마들이 수학을 쉽고 재미있게 가르칠 수 있다는 용기를 주고 싶습니다.

여 수 미

진짜진짜 킨더 사고력 수학을 소개합니다!

진짜진짜 킨더 사고력수학은

5세를 중심으로 4세부터 6세까지 수학을 접할 수 있도록 만든 유아 수학 입문서 입니다. 수학은 수와 공간에 대해 배우면서 논리 사고력과 추리력, 창의력을 키울 수 있는 과목입니다. 유아 때부터 수학을 즐겁게 접할 수 있다면 누구나 충분히 미래의 수학 영재가 될 수 있을 것입니다. 《진짜진짜 킨더 사고력수학》은 스스로 생각하며 문제를 해결하는 과정 자체를 즐길 수 있도록 만들었습니다.

시리즈 구성은 다음과 같습니다.

수학의 가장 기본인 **수**를 시작으로 수와 수의 관계인 **연산**을 배우고, 공간 감각을 익히는 **도형**, 마지막으로 생활 속에서 발견되는 수학 원리를 배우는 **생활수학**까지 이렇게 총 4권으로 구성했습니다.

A 수

B 연산

C 도형

D 생활수학

진짜진짜 킨더 사고력수학을 함께 공부할
냥이와 펭이를 소개합니다!

냥이와 **펭이**는 5살짜리 단짝 친구입니다.

진짜진짜 킨더 사고력수학을 공부하는 친구들과도 단짝이 될 수 있을 거예요.

이 둘은 여러분이 공부하며 어려움을 느낄 때 도움을 줄 거예요.

지루하거나, 공부하기 싫을 때 기운을 북돋아 주기도 할 거고요.

냥이

"내 모자의 숫자 1은 넘버원이란 뜻이야!
나는 뭐든 첫 번째로 하는 게 좋거든!"

나는 치즈케이크가 제일 맛있어. 아, 생각만 해도 침 고인다.

동생이랑 노는 것보다 펭이랑 노는 게 더 좋아.

펭이

"이거 볼래? 내 머리띠에는 주사위가 달려있어.
주로 냥이랑 게임 할 때 사용해!"

난 궁금한 게 생기면 친구나 엄마한테 꼭 물어봐.

엄마한테 고양이를 키우면 안 되냐고 했더니, 안 된대. 대신 냥이랑 자주 놀래.

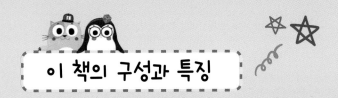

이 책의 구성과 특징

진짜진짜 킨더 사고력수학은 **수, 연산, 도형, 생활수학**이라는 권별 주제마다 하위 테마 4개 또는 5개가 구성되어 있습니다. 테마별로 열린 질문을 던지는 **생각 열기**, 핵심 개념을 이해하고 익히는 **개념 탐구**, 게임과 놀이 활동으로 수학에 친근해지는 **렛츠플레이(Let's Play)**, 마지막으로 복습하는 **확인 학습** 코너로 구성되어 있습니다. 중간 중간 **플러스업(Plus Up) 도전!** 코너가 있어 어린이 수학경시대회 문제를 체험할 수 있도록 했습니다.

생각 열기

열린 질문을 던지거나, 간단한 놀이 활동을 유도해서, 앞으로 전개될 수학 주제를 짐작할 수 있도록 소개하는 코너입니다.

개념 탐구

해당 수학 테마에서 반드시 알아야 하는 핵심 개념을 짚어보는 코너입니다.
핵심 개념을 완벽히 이해할 수 있도록 같은 개념을 다양한 유형의 문제로 제시하여 반복학습을 할 수 있습니다.

6

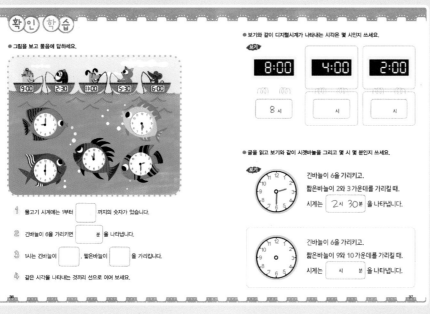

LET'S PLAY

카드 게임부터 만들기 놀이까지 다양한 놀이 활동으로 수학을 배웁니다.

확인 학습

개념 탐구에서 배웠던 핵심 개념들을 다양한 문제 풀이로 복습하는 코너입니다.

PLUS-UP 도전!

어린이 수학경시 대회 문제를 체험해볼 수 있는 코너입니다. 난이도 높은 문제에 도전하며 성취감을 느끼고 실력도 배양하는 것이 목표입니다.

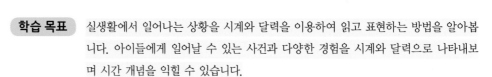

시곗바늘이 사라졌어요

학습 목표 실생활에서 일어나는 상황을 시계와 달력을 이용하여 읽고 표현하는 방법을 알아봅니다. 아이들에게 일어날 수 있는 사건과 다양한 경험을 시계와 달력으로 나타내보며 시간 개념을 익힐 수 있습니다.

동물들의 키 재기

학습 목표 실생활에서 접할 수 있는 길이, 넓이, 무게를 비교하는 방법을 알아보고, 말로 나타내어 봅니다. 이러한 활동을 통해 양의 개념을 이해하고, 측정의 기초가 되는 다양한 경험을 할 수 있습니다.

유리 구두 찾기

학습 목표 모양, 크기, 색깔 등의 규칙을 찾아보고 나만의 규칙을 만들어보는 활동을 통해 규칙을 이해할 수 있습니다. 규칙을 찾는 활동은 반복적으로 일어나는 상황에서 다음 상황을 유추할 수 있는 힘을 키워줍니다.

모두 합하면 얼마인가요

학습 목표 동전세기를 통하여 1, 5, 10씩 뛰어 세는 연습을 합니다. 또한 1원짜리, 5원짜리, 10원짜리 동전이 섞인 동전세기 연습을 통하여 연산의 기초를 다져 생활 속에서 물건 가격을 계산할 수 있도록 도와줍니다.

첫 번째
생각 열기

시곗바늘이 사라졌어요

냥이 엄마는 냥이에게 저녁 5시까지는

꼭 집에 들어오라고 했어요.

친구들과 놀이터에서 놀던 냥이는

지금이 몇 시인지 궁금해 시계를 보았어요.

그런데 시계를 보니 시곗바늘이 없습니다.

냥이가 시계를 볼 수 있도록 시곗바늘을 색칠해 보세요.

짧은바늘은 빨간색,
긴바늘은 파란색으로
칠해볼까?

일이 일어난 순서

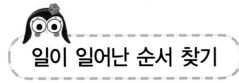

일이 일어난 순서 찾기

● 먼저 일어난 일에 ◯표 하세요.

● 나중에 일어난 일에 ◯표 하세요.

● 펭이가 아침에 하는 일을 나타낸 그림입니다. 일이 일어난 순서대로 □ 안에
  1, 2, 3, 4를 쓰세요.

● 현수가 저녁에 하는 일을 나타낸 그림입니다. 일이 일어난 순서대로 □ 안에 1, 2, 3, 4를 쓰세요.

 농장에서 일이 일어난 순서대로 그림 카드를 붙여 보세요. 활동북 6쪽

1	2
카드 붙이는 곳	카드 붙이는 곳

3	4
카드 붙이는 곳	카드 붙이는 곳

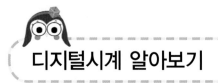
디지털시계 알아보기

시곗바늘대신 숫자로 시각을 나타내는 시계를 '**디지털시계**'라고 해요.

디지털시계에서 : 뒤의 숫자가 00일 때 : 앞의 숫자를 따라 '**몇 시**'라고 읽어요.

: 앞의 숫자가 **1**부터 **9**까지일 때는 숫자 앞에 **0**이 있을 때도 있어.

디지털시계에서 : 뒤의 숫자가 30일 때 : 앞의 숫자를 따라 '**몇 시 30분**' 이라고 읽어요.

: 앞의 숫자는 '**몇 시**',
: 뒤의 숫자는 '**몇 분**'을 나타내.

● 보기와 같이 디지털시계를 보고 □ 안에 알맞은 숫자를 쓰세요.

보기

: 앞의 숫자는 5, : 뒤의 숫자는 00이므로

┌─────┐
│ 5 │ 시 │ 입니다.
└─────┘

: 앞의 숫자는 12, : 뒤의 숫자는 00이므로

┌─────┐
│   │ 시 │ 입니다.
└─────┘

● 보기와 같이 디지털시계가 나타내는 시각은 몇 시 몇 분인지 쓰세요.

보기

8 시 30 분

시 분

시 분

● 디지털시계가 나타내는 시각은 몇 시 몇 분인지 쓰세요.

시 분

시 분

시 분

시계에는 길이가 다른 바늘이 2개 있어요.

긴바늘과 짧은바늘이 가리키는 것을 보고, 몇 시 몇 분인지 알 수 있어요.

시계의 짧은바늘은 시를 나타내요. 긴바늘이 12를 가리킬 때, 짧은바늘이 가리키는 숫자를 따라 '몇 시'라고 해요.

긴바늘이 12, 짧은바늘이 3을 가리키고 있으니까 시계는 '3시'를 나타내고 '세 시'라고 읽어!

● ◯ 안에 시계의 긴바늘과 짧은바늘이 가리키는 숫자를 각각 쓰고, 시계가 나타내는 시각은 몇 시인지 쓰세요.

● 보기와 같이 시계의 시각을 바르게 나타낸 것에 ○표 하세요.

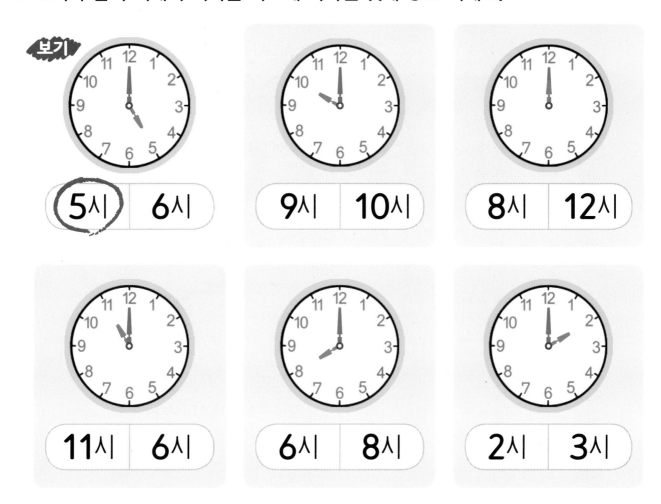

● 보기와 같이 시각에 맞게 시계의 짧은바늘을 그려 보세요.

● 보기와 같이 시계의 ○ 안에 알맞은 숫자를 쓰고 시계가 나타내는 시각에 맞게 스티커를 붙여 보세요. 활동북 1쪽

● 같은 시각을 나타내는 시계끼리 선으로 이어 보세요.

시계의 긴바늘은 분을 나타내요. 긴바늘이 6을 가리킬 때 짧은 바늘이
지나온 쪽의 숫자를 따라 '몇 시 30분'이라고 해요.
긴바늘이 6을 가리키고 짧은바늘이 3과 4 가운데를 가리킬 때 시계는
'3시 30분'을 나타내고 '세 시 삼십 분'이라고 읽어요.

긴바늘이 12에서 6으로 움직일 때,
짧은바늘은 3에서 3과 4의 가운데로
움직였어. 시계의 긴바늘이 움직이면
짧은바늘도 조금씩 움직여.

3:00

3:30

2시 30분

5시 30분

6시 30분

7시 30분

10시 30분

12시 30분

● 보기와 같이 시각에 맞게 시계의 짧은바늘을 그려 보세요.

보기 6시 30분

4시 30분

8시 30분

1시 30분

12시 30분

9시 30분

● 펭이가 말한 시각을 나타내는 시계를 찾아 ○표 하세요.

11시 30분

● 시곗바늘이 움직인 것을 보고 몇 시 몇 분인지 스티커를 붙여 보세요. 활동북 1쪽

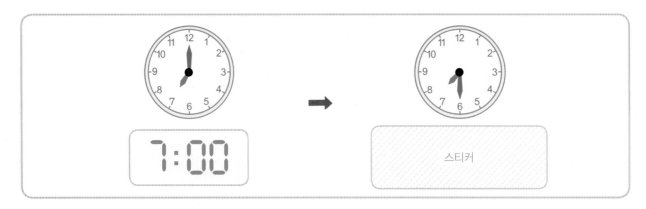

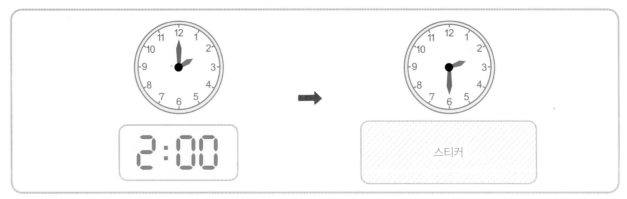

PLUS 도전! 보기와 같이 시계가 나타내는 시각에 맞게 스티커를 붙여 보세요. 활동북 1쪽

● 시각을 잘못 나타낸 시계를 찾아 ×표 하세요.

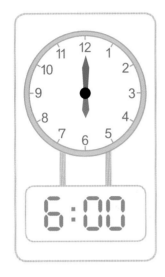 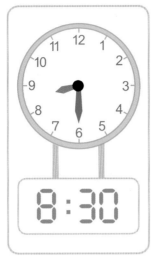  

● 시각에 맞게 시계의 긴바늘과 짧은바늘을 그려 보세요.

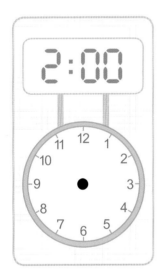 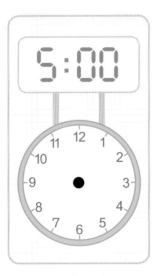 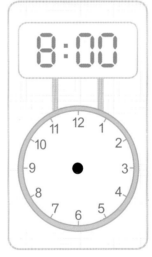 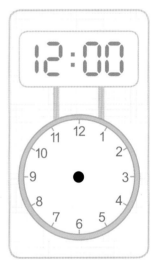

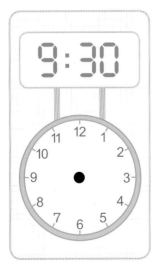 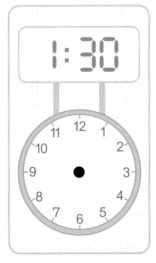 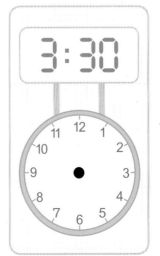 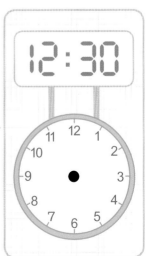

● 같은 시각을 나타내는 시계끼리 선으로 이어 보세요.

 펭이와 냥이가 누구와 통화하고 있는지 선으로 이어 보세요.

펭이와 냥이가 은하기차를 타고 우주 여행을 합니다. 기차가 행성에 도착하는 시각에 맞게 선으로 이어 보세요.

행성	도착 시각
수성	12시 30분
금성	1시 30분
화성	3시 30분
토성	10시 30분
천왕성	7시 30분

수성   금성   화성   토성   천왕성

25

달력 알아보기

생일 달력 만들기

내 생일이 있는 달력을 찾아보고, 빈칸에 수를 채워 생일 달력을 만들어 보세요.

맨 위에 있는 숫자를 보고 몇 월인지 알 수 있어.

일요일, 월요일, 화요일, 수요일, 목요일, 금요일, 토요일 - 이렇게 7일을 '일주일'이라고 해.

일	월	화	수	목	금	토

날짜를 읽을 때에는 ○월 ○일 ○요일로 읽어요.

나의 생일은 [ ] 월 [ ] 일 [ ] 요일입니다.

● 달력의 빈칸에 알맞은 수를 쓰고 물음에 답하세요.

 4월

일	월	화	수	목	금	토
	1	2	3	4		6
7	8	9	10	11	12	13
14				18	⑲	
21	22	23		25	26	27
28	29	30				

1 ☐ 월 의 달력입니다.

2 ◯표 한 날짜는 ☐ 월 ☐ 일 입니다.

3 4월 10일은 ☐ 요일 입니다.

27

● 달력을 보고 물음에 답하세요.

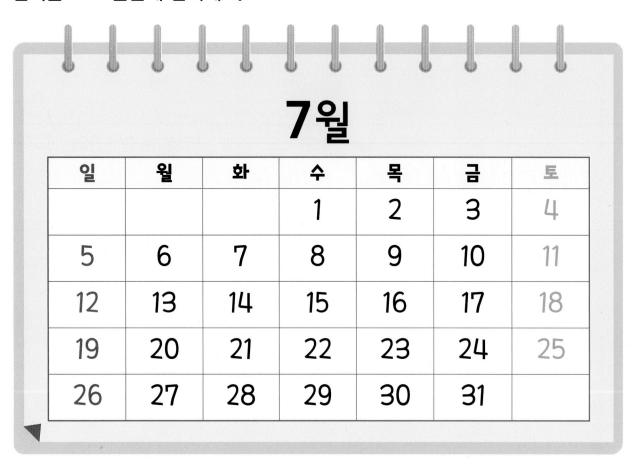

7월

일	월	화	수	목	금	토
			1	2	3	4
5	6	7	8	9	10	11
12	13	14	15	16	17	18
19	20	21	22	23	24	25
26	27	28	29	30	31	

1 다음 날짜를 찾아 ○표 하세요.

7월 9일   7월 21일   7월 30일

2 토요일을 모두 찾아 색칠해 보세요.

3 가은이의 생일은 7월 2일입니다. 가은이의 생일을 찾아 케이크 스티커를 붙여 보세요. 활동북 1쪽

● 달력을 보고 물음에 답하세요.

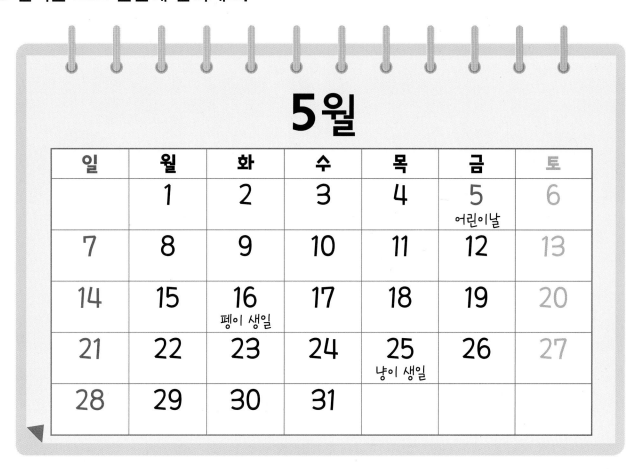

5월

일	월	화	수	목	금	토
	1	2	3	4	5 어린이날	6
7	8	9	10	11	12	13
14	15	16 펭이 생일	17	18	19	20
21	22	23	24	25 냥이 생일	26	27
28	29	30	31			

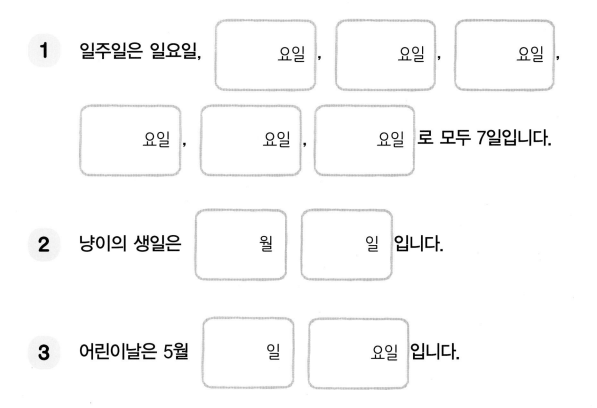

1 일주일은 일요일, [　　　] 요일 , [　　　] 요일 , [　　　] 요일 ,

[　　　] 요일 , [　　　] 요일 , [　　　] 요일 로 모두 7일입니다.

2 냥이의 생일은 [　　　] 월 [　　　] 일 입니다.

3 어린이날은 5월 [　　　] 일 [　　　] 요일 입니다.

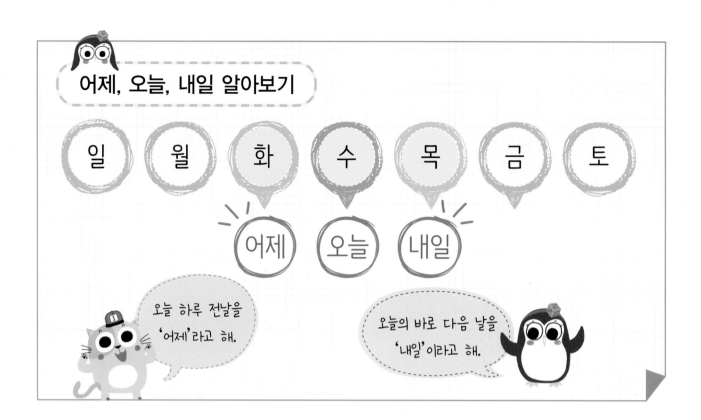

어제, 오늘, 내일 알아보기

일 월 화 수 목 금 토

어제 오늘 내일

오늘 하루 전날을 '어제'라고 해.

오늘의 바로 다음 날을 '내일'이라고 해.

 PLUS 도전! 펭이와 냥이가 말한 날짜를 보고 어제 날짜에 ○표 하세요.

오늘은 10일

일	월	화	수	목	금	토
			1	2	3	4
5	6	7	8	9	10	11
12	13	14	15	16	17	18
19	20	21	22	23	24	25
26	27	28	29	30	31	

오늘은 19일

일	월	화	수	목	금	토
			1	2	3	4
5	6	7	8	9	10	11
12	13	14	15	16	17	18
19	20	21	22	23	24	25
26	27	28	29	30	31	

● 빈칸에 알맞은 요일 스티커를 붙여 보세요. 활동북 1쪽

오늘이 수요일이라면 내일은 [스티커] 입니다.

어제가 일요일이라면 오늘은 [스티커] 입니다.

내일이 금요일이라면 어제는 [스티커] 입니다.

● 달력을 보고 물음에 답하세요.

11월

일	월	화	수	목	금	토
1	2	3	4	5	6	7
8	9	10	11	12	13	14
15	16	17	18	19	20	21
22	23	24	25	26	27	28
29	30					

1 내일은 11월 26일입니다. 오늘은 몇 월 며칠인가요? [ ] 월 [ ] 일

2 어제는 11월 5일입니다. 내일은 몇 월 며칠인가요? [ ] 월 [ ] 일

● 1년의 달력입니다. 각 달의 마지막 날에 ○표 하세요.

1월

일	월	화	수	목	금	토
				1	2	3
4	5	6	7	8	9	10
11	12	13	14	15	16	17
18	19	20	21	22	23	24
25	26	27	28	29	30	31

2월

일	월	화	수	목	금	토
1	2	3	4	5	6	7
8	9	10	11	12	13	14
15	16	17	18	19	20	21
22	23	24	25	26	27	28

3월

일	월	화	수	목	금	토
1	2	3	4	5	6	7
8	9	10	11	12	13	14
15	16	17	18	19	20	21
22	23	24	25	26	27	28
29	30	31				

4월

일	월	화	수	목	금	토
			1	2	3	4
5	6	7	8	9	10	11
12	13	14	15	16	17	18
19	20	21	22	23	24	25
26	27	28	29	30		

5월

일	월	화	수	목	금	토
					1	2
3	4	5	6	7	8	9
10	11	12	13	14	15	16
17	18	19	20	21	22	23
24	25	26	27	28	29	30
31						

6월

일	월	화	수	목	금	토
	1	2	3	4	5	6
7	8	9	10	11	12	13
14	15	16	17	18	19	20
21	22	23	24	25	26	27
28	29	30				

7월

일	월	화	수	목	금	토
			1	2	3	4
5	6	7	8	9	10	11
12	13	14	15	16	17	18
19	20	21	22	23	24	25
26	27	28	29	30	31	

8월

일	월	화	수	목	금	토
						1
2	3	4	5	6	7	8
9	10	11	12	13	14	15
16	17	18	19	20	21	22
23	24	25	26	27	28	29
30	31					

9월

일	월	화	수	목	금	토
		1	2	3	4	5
6	7	8	9	10	11	12
13	14	15	16	17	18	19
20	21	22	23	24	25	26
27	28	29	30			

10월

일	월	화	수	목	금	토
				1	2	3
4	5	6	7	8	9	10
11	12	13	14	15	16	17
18	19	20	21	22	23	24
25	26	27	28	29	30	31

11월

일	월	화	수	목	금	토
1	2	3	4	5	6	7
8	9	10	11	12	13	14
15	16	17	18	19	20	21
22	23	24	25	26	27	28
29	30					

12월

일	월	화	수	목	금	토
		1	2	3	4	5
6	7	8	9	10	11	12
13	14	15	16	17	18	19
20	21	22	23	24	25	26
27	28	29	30	31		

● 왼쪽의 달력을 보고 물음에 답하세요.

1 각 달은 며칠까지 있는지 쓰세요.

1월	2월	3월	4월	5월	6월	7월	8월	9월	10월	11월	12월
31											

2 30일까지 있는 달을 모두 찾아 ○표 하세요.

1월	2월	3월	4월	5월	6월	7월	8월	9월	10월	11월	12월

3 31일까지 있는 달을 모두 찾아 ○표 하세요.

1월	2월	3월	4월	5월	6월	7월	8월	9월	10월	11월	12월

4 날수가 가장 적은 달은 몇 월인지 쓰세요.   ☐ 월

주먹을 쥐었을 때 생긴 홈으로 각 달의 날수를 알 수 있어요.

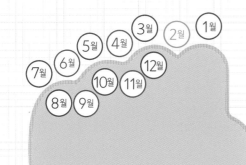

볼록 튀어나온 달(파란색) : 31일

오목 들어간 달(빨간색) : 30일

단, 2월은 28일 또는 29일까지 있어요.

디지털시계 놀이 활동북 6, 7쪽

1 시계 카드와 종이 막대 28개를 준비합니다.

2 두 사람이 순서를 정하여 자신의 순서에 시계 카드를 한 장 뽑습니다.

3 다른 사람은 상대방이 뽑은 시계 카드와 같은 시각을 종이 막대로 디지털시계에 나타냅니다.

ACTIVE BOARD

▼ 5번 게임을 하고 활동판에 승패를 기록하세요.

활동판

이름	1회	2회	3회	4회	5회	이긴 사람

● 그림을 보고 물음에 답하세요.

1 물고기 시계에는 1부터 [ ] 까지의 숫자가 있습니다.

2 긴바늘이 6을 가리키면 [ ] 분 을 나타냅니다.

3 1시는 긴바늘이 [ ] , 짧은바늘이 [ ] 을 가리킵니다.

4 같은 시각을 나타내는 것끼리 선으로 이어 보세요.

● 보기와 같이 디지털시계가 나타내는 시각은 몇 시인지 쓰세요.

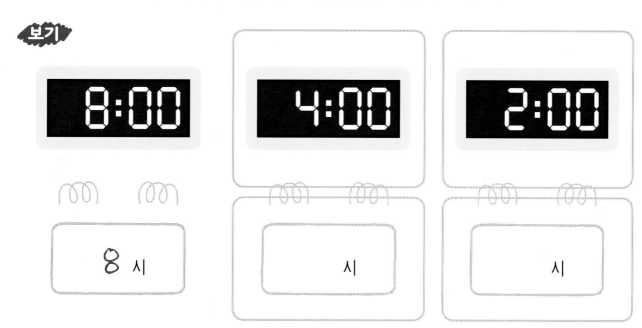

보기

8 시

시

시

● 글을 읽고 보기와 같이 시곗바늘을 그리고 몇 시 몇 분인지 쓰세요.

보기

긴바늘이 **6**을 가리키고,

짧은바늘이 **2**와 **3** 가운데를 가리킬 때,

시계는 2시 30분 을 나타냅니다.

긴바늘이 **6**을 가리키고,

짧은바늘이 **9**와 **10** 가운데를 가리킬 때,

시계는   시   분 을 나타냅니다.

● 다음은 냥이의 하루 생활입니다. 보기와 같이 이야기에 나온 시각을 시계에 그려 보세요.

아침 **7시**에 일어나요.

10시에 수학 공부를 해요.

6시 30분에 저녁 식사를 해요.

9시 30분에 잠자리에 들어요.

● 빈칸에 알맞은 스티커를 붙여 보세요. 활동북 1쪽

| 일요일 | 스티커 | 스티커 | 수요일 | 목요일 | 스티커 | 스티커 |

| 21일 | 22일 | 23일 |
| 스티커 | 오늘 | 스티커 |

● 수요일을 나타내는 동물에 ○표 하세요.

월요일 다음 날

목요일 전날

화요일 전날

PLUS 도전! 글을 읽고 빈칸에 알맞은 요일 스티커를 붙여 보세요. 활동북 1쪽

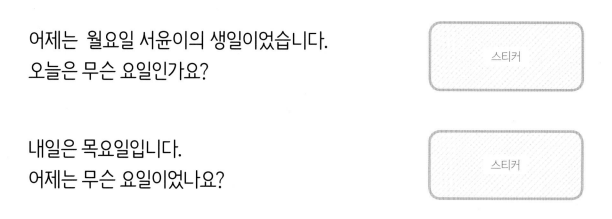

어제는 월요일 서윤이의 생일이었습니다.
오늘은 무슨 요일인가요?

스티커

내일은 목요일입니다.
어제는 무슨 요일이었나요?

스티커

우리 가족은 드디어 내일 동물원에 가요.
동물원에 가기로 한 날은 토요일이었지요.
오늘은 무슨 요일인가요?

스티커

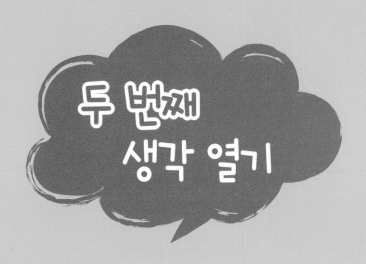

동물들의 키 재기

한 칸의 크기가 같은 막대 그림으로
동물 친구들의 키를 재었어요.
키가 가장 작은 동물과 가장 큰 동물에
○표 하세요.

길이 비교

퀴즈네르 막대 길이 재기

퀴즈네르 막대를 길이가 가장 짧은 것부터 순서대로 빈칸에 스티커를 붙이고 각각의 막대의 길이는 몇 칸인지 □ 안에 알맞은 수를 쓰세요. 활동북 2쪽

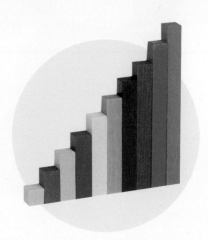

수의 크기에 따라 길이를 다르게 만든 막대를 '퀴즈네르 막대' 라고 해.

길이 순서대로 막대 스티커를 붙여봐.

Ⅰ									

● 알맞은 말에 ○표 하세요.

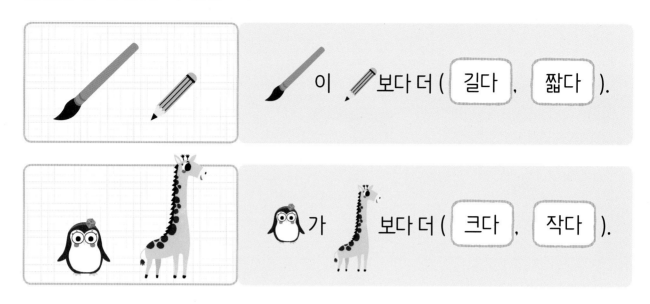

이 　보다 더 (길다 , 짧다).

가 　보다 더 (크다 , 작다).

● 길이가 더 긴 쪽에 ○표 하세요.

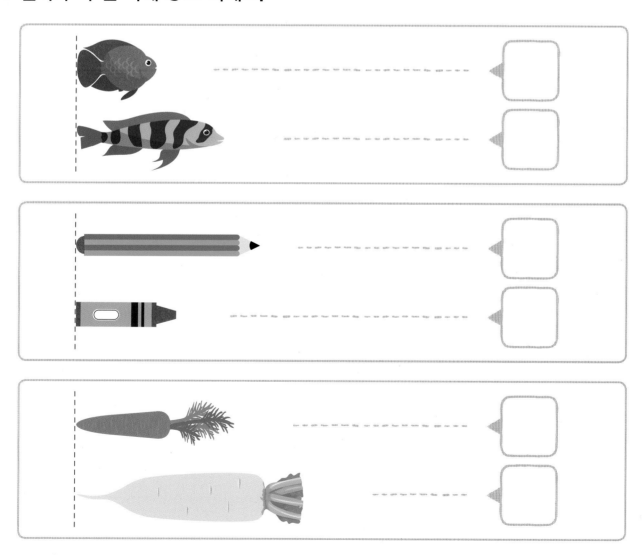

● □안에 물건의 길이에 알맞은 칸수를 쓰세요.

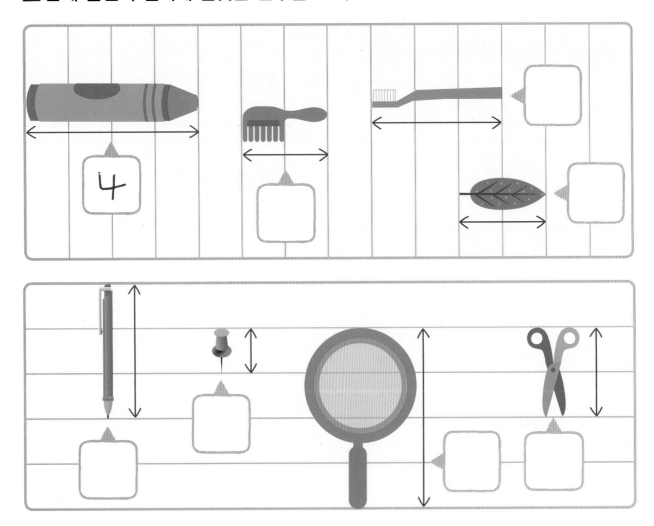

● □안에 동물의 키에 알맞은 칸수를 쓰고 키가 가장 큰 동물에 ○표 하세요

● 가장 긴 막대에 ○표 하세요.

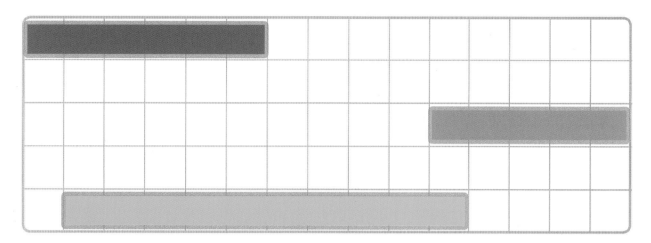

 키가 가장 작은 동물을 찾아 ○표 하세요.

 □ 안에 동물의 길이에 알맞은 칸수를 쓰고 가장 긴 것에 ○표, 가장 짧은 것에
△표 하세요.

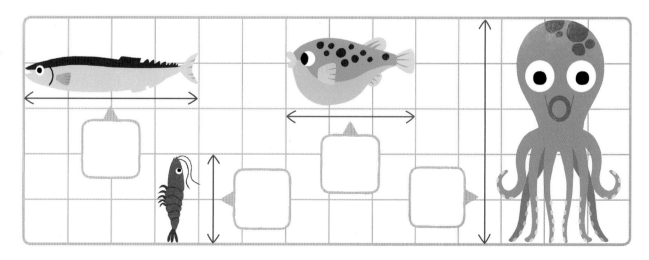

넓이 비교

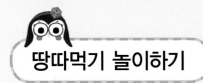

땅따먹기 놀이하기

냥이와 펭이가 땅따먹기 놀이를 하는데 냥이가 더 넓은 땅을 가지려고 해요. 스티커를 붙여서 냥이의 땅을 펭이의 땅보다 더 넓게 만들고, 냥이와 펭이의 땅은 각각 몇 칸인지 쓰세요. 활동북 2쪽

냥이 땅

펭이 땅

내 땅이 더 넓에!

글쎄, 내 땅이 더 넓을걸?

칸

칸

● 알맞은 말에 ○표 하세요.

피자가 거울보다 더

(넓다 , 좁다).

액자가 칠판보다 더

(넓다 , 좁다).

● 더 좁은 것에 ○표 하세요.

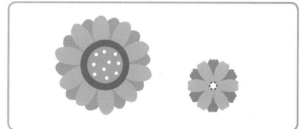

● 가장 넓은 것에 ○표, 가장 좁은 것에 △표 하세요.

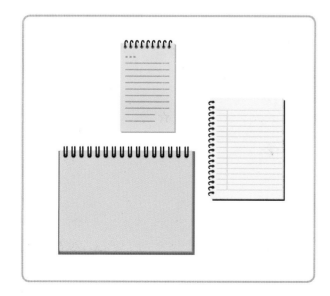

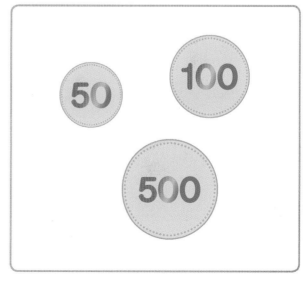

펭이와 냥이네 집의 마당입니다. 마당의 넓이를 비교하여 알맞은 말에 ◯표 하세요.

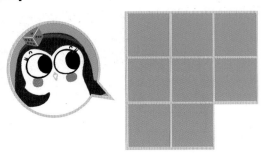

• 펭이네 집 마당이 더 넓다. ----------------

• 냥이네 집 마당이 더 넓다. ----------------

• 펭이네 집과 냥이네 집 마당의 넓이는 같다. ----------------

모양이 달라도 넓이는 같을 수 있어!

● 옷감 조각을 이어 붙여 만든 펭이와 냥이의 이불입니다. 빈칸에 옷감 조각 스티커를 붙이고 더 넓은 이불에 ◯표 하세요. 활동북 2쪽

● 칸수를 세어 □ 안에 쓰고, 보기와 넓이와 같은 것을 모두 찾아 ○표 하세요.

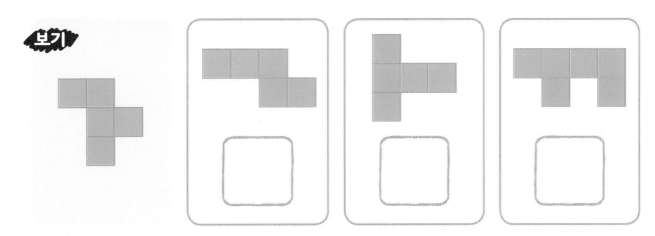

● 색칠된 칸수를 세어 넓이를 비교하려고 합니다. 넓이가 가장 좁은 것부터 순서대로 □ 안에 1, 2, 3을 쓰세요.

PLUS 도전! 더 넓은 것에 ○표 하세요.

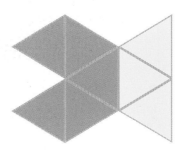

무게 비교

누가 더 무거운지 알아보기

냥이와 펭이가 시소를 탔는데 둘이 시소에 앉자마자 펭이가 앉은 자리가 위로 휙 올라갔어요. 겁이 난 펭이가 아래로 내려가고 싶어 해요. 냥이 대신 누구와 시소를 타면 펭이가 아래로 내려갈지 알맞은 동물에 ○표 하세요.

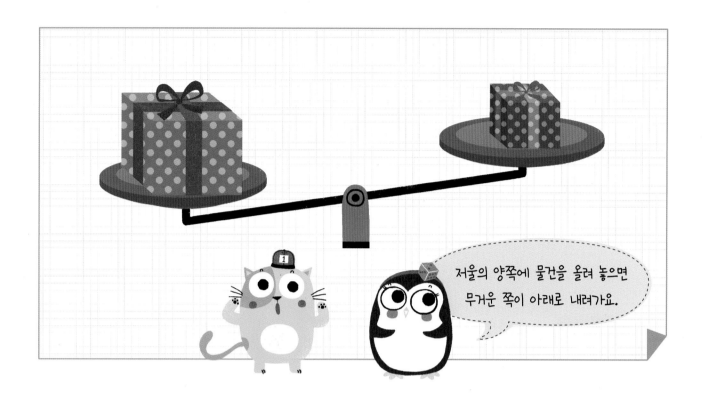

● 저울에 여러 가지 물건을 올려 놓았습니다. ☐ 안에 알맞은 말을 찾아 스티커를 붙여 보세요. 활동북 2쪽

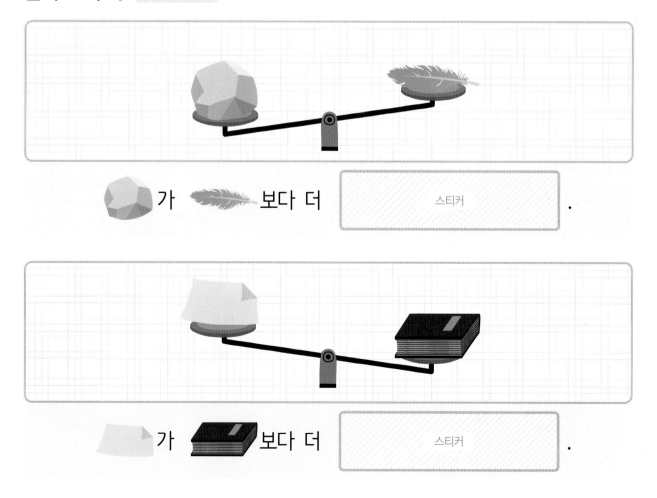

🪨 가 🪶 보다 더 [스티커] .

📄 가 📚 보다 더 [스티커] .

● 더 무거운 것에 ○표 하세요.

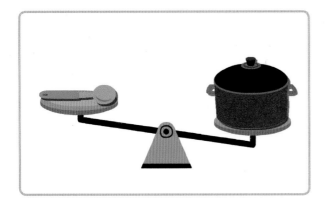

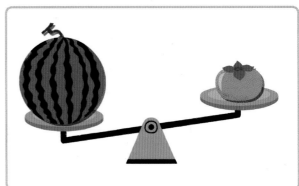

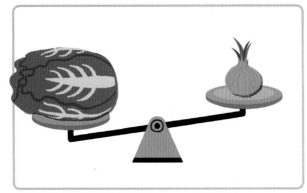

● 더 가벼운 것에 ○표 하세요.

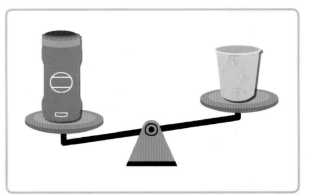

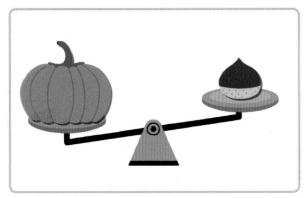

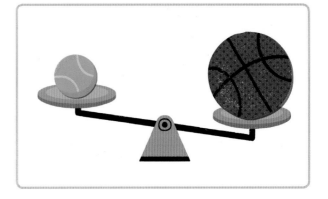

● 저울이 그림과 같은 모양이 되려면 빈 접시 위에 어떤 것을 놓아야 하는지 알맞은 것에 ○표 하세요.

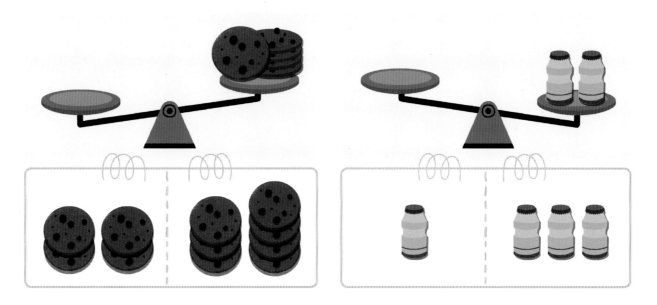

 가장 무거운 동물부터 순서대로 스티커를 붙여 보세요. 활동북 2쪽

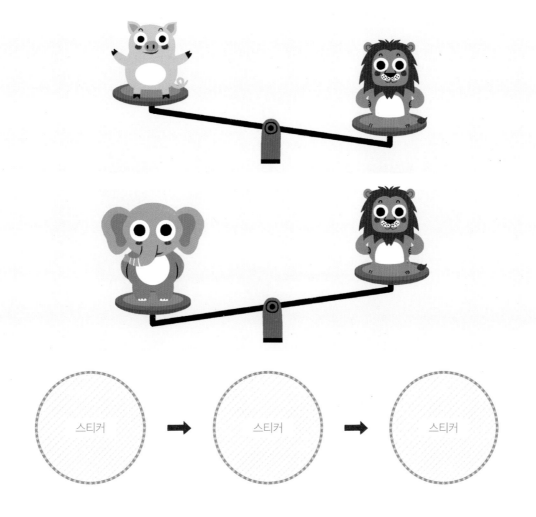

저울의 양쪽에 놓은 물건의 무게가 같으면 어느 쪽으로도 기울어지지 않고 평평해요. 이런 것을 **수평**이라고 해요.

컵 1개의 무게는 구슬 6개의 무게와 같아!

● 토마토의 무게를 █ 를 사용하여 재었습니다. 그림을 보고 □ 안에 알맞은 수를 쓰세요.

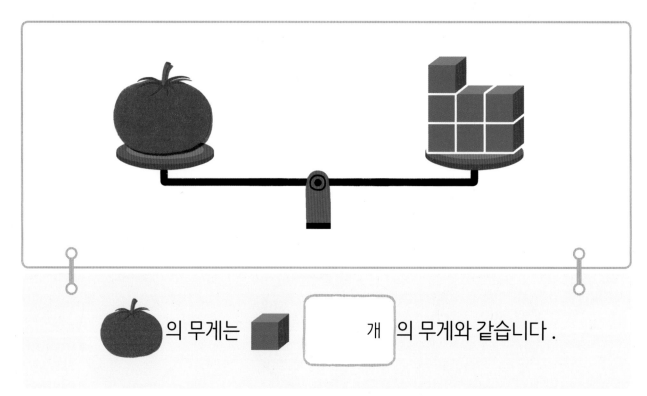

🍅 의 무게는 █ ☐ 개 의 무게와 같습니다.

● 그림을 보고 □ 안에 알맞은 수를 쓰고, 알맞은 말에 ○표 하세요.

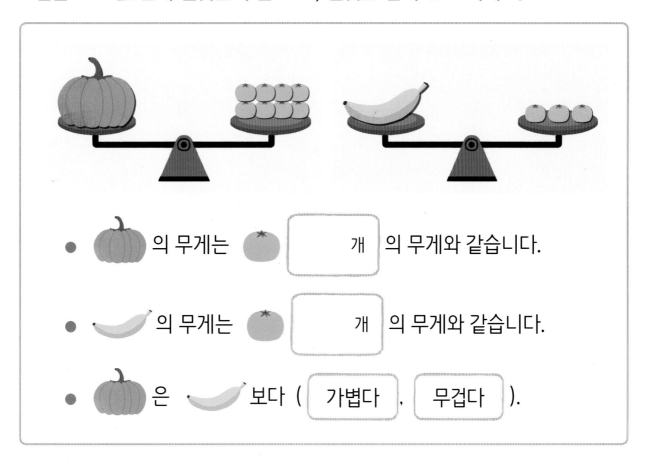

- 🎃 의 무게는 🍅 □ 개 의 무게와 같습니다.

- 🍌 의 무게는 🍅 □ 개 의 무게와 같습니다.

- 🎃 은 🍌 보다 (가볍다 , 무겁다).

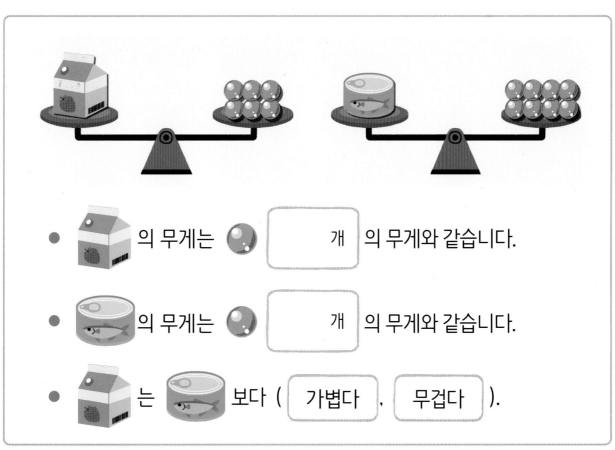

- 🥛 의 무게는 ⚪ □ 개 의 무게와 같습니다.

- 🥫 의 무게는 ⚪ □ 개 의 무게와 같습니다.

- 🥛 는 🥫 보다 (가볍다 , 무겁다).

오래매달리기 시합 활동북 3쪽

● 동물들이 오래매달리기 시합을 합니다. 시합 전 철봉에 머리가 닿아 있어야
해서 받침대를 놓고 올라가야 합니다. 받침대 위에 알맞은 동물 스티커를 붙
이고, 키가 가장 큰 동물부터 순서대로 쓰세요.

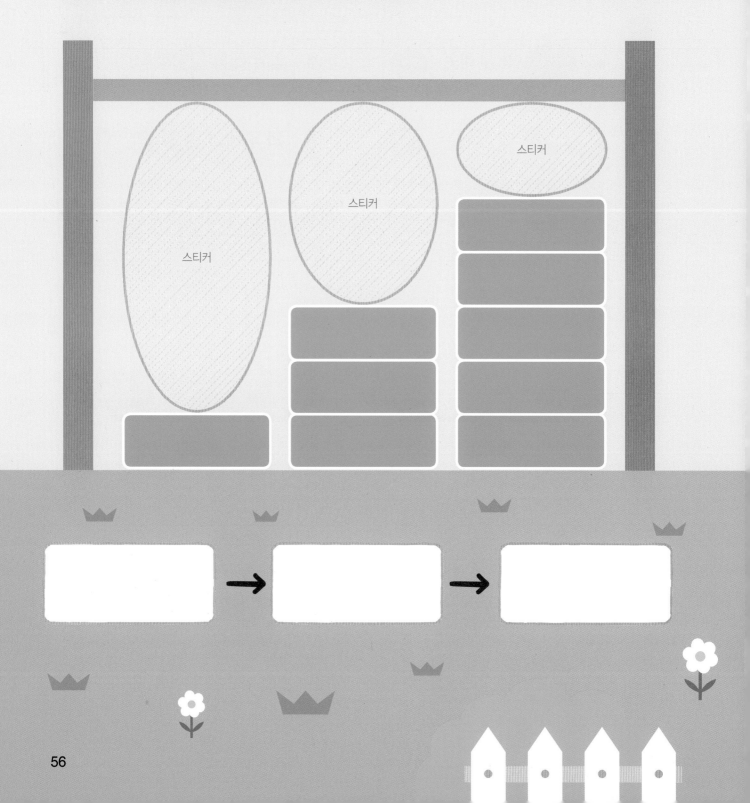

땅따먹기 놀이

● 펭이는 파란색, 냥이는 노란색으로 땅을 색칠하려고 합니다. 펭이와 냥이 중에 누구의 땅이 더 넓을까요?   준비물 주사위, 색연필

1 가위바위보를 하여 이긴 사람은 파란색, 진 사람은 노란색 색연필을 준비합니다.

2 이긴 사람부터 주사위를 던져 나온 눈의 수만큼 빈칸을 색칠합니다.

3 더 이상 색칠할 곳이 없으면 게임을 마칩니다.

4 파란색과 노란색의 칸수를 세어보고 누가 더 넓은 땅을 얻었는지 〇표 하세요.

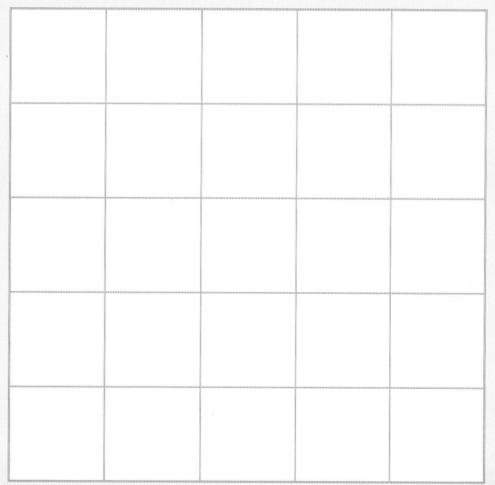

● 원숭이는 토끼보다 꼬리가 더 깁니다. 토끼의 꼬리를 그려 보세요.

● 가장 긴 것에 ○표, 가장 짧은 것에 △표 하세요.

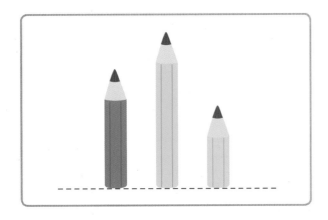
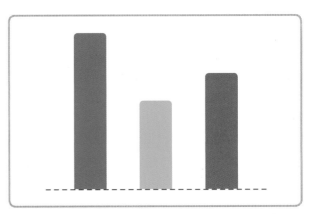

● 가장 짧은 것부터 순서대로 □ 안에 1, 2, 3을 쓰세요.

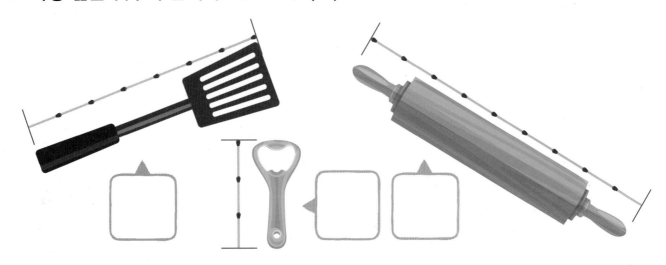

● 가장 좁은 뚜껑이 필요한 물건에 ○표 하세요.

● 펭이네 포도밭의 넓이에 맞게 스티커를 붙여 보세요.   활동북 3쪽

● 색칠한 부분이 가장 넓은 것부터 순서대로 □ 안에 1, 2, 3을 쓰세요.

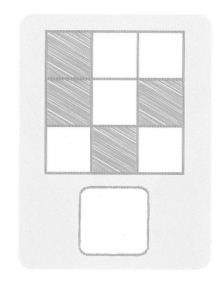

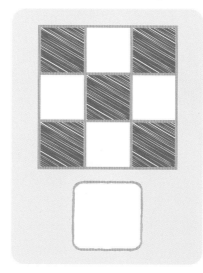

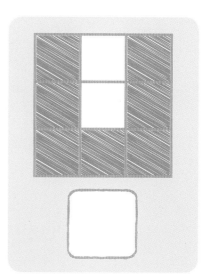

● 글을 읽고 알맞은 저울에 ○표 하세요.

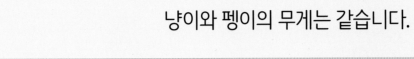

냥이와 펭이의 무게는 같습니다.

● 저울의 빈 곳에 알맞은 스티커를 붙이고 알맞은 말에 ○표 하세요. 활동북 3쪽

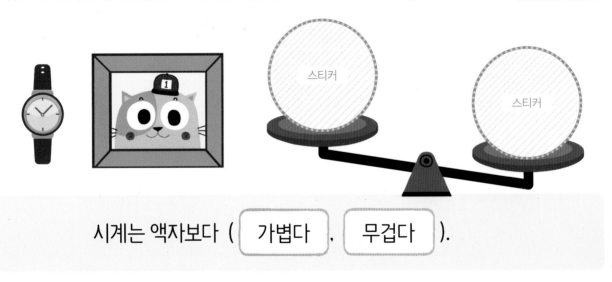

시계는 액자보다 (가볍다 , 무겁다).

고양이는 쥐보다 (가볍다 , 무겁다).

● 저울이 수평이 되게 만들려고 합니다. 비어 있는 접시에 구슬 스티커를 붙여 보세요. 활동북 3쪽

● 곰 인형과 토끼 인형 중에서 더 무거운 것에 ○표 하세요.

PLUS 도전! 동물들의 무게를 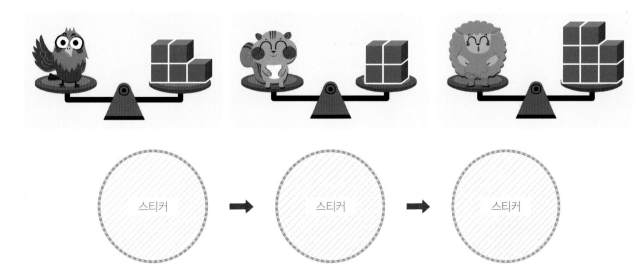 를 사용하여 재었습니다. 가장 가벼운 동물부터 순서대로 스티커를 붙여 보세요. 활동북 3쪽

스티커 ➡ 스티커 ➡ 스티커

● 일이 일어난 순서대로 □ 안에 1, 2, 3, 4를 쓰세요.

● 시각에 맞게 긴바늘과 짧은바늘을 그려 보세요.

3시   7시 30분   12시

62

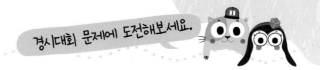

● 두 시계가 나타내는 시각이 다른 것을 찾아 ○표 하세요.

● 달력을 보고 물음에 답하세요.

6월의 마지막 날은 [요일] 입니다.

일요일은 모두 4번 있고 화요일은 모두

[ ] 번 있습니다.

● 토요일을 나타내는 것에 색칠하세요.

금요일 전날   일요일 다음 날   월요일 전날   금요일 다음 날

63

● 키가 **두 번째**로 큰 동물에 ◯표 하세요.

● 필통의 길이를 바르게 잰 그림에 ◯표 하세요.

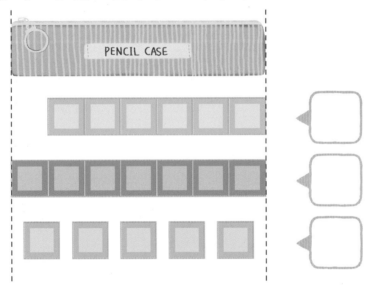

● 가장 넓은 부분을 칠한 색부터 빈칸에 순서대로 칠하세요.

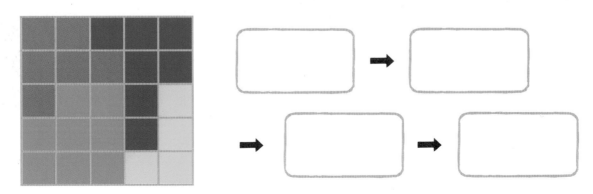

● 케이크의 무게는 쿠키 몇 개의 무게와 같은지 □ 안에 알맞은 수를 쓰세요

개

● 가장 무거운 물건부터 순서대로 스티커를 붙여 보세요. 활동북 3쪽

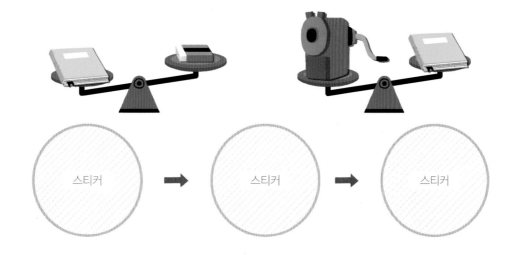

스티커 ➡ 스티커 ➡ 스티커

● 가장 가벼운 물건부터 순서대로 스티커를 붙여 보세요. 활동북 3쪽

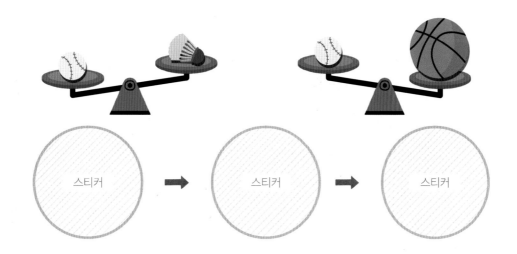

스티커 ➡ 스티커 ➡ 스티커

유리 구두 찾기

신데렐라가 유리 구두를 찾으러 가는 길에 빨간색, 파란색 보석
이 놓여 있어요. 길에 놓여진 보석 색깔의 규칙에 맞게 따라가
면 쉽게 구두를 찾을 수 있어요. 구두를 찾으러 가는 길을 따라
선을 그어 보세요.

규칙을 찾았어?
난 잘 모르겠어.

빨강 빨강 빨강?
아니, 빨강 빨강 파랑?
규칙을 찾을 때 반복되는 부분
끼리 묶어봐~.

반복되는 규칙 찾기

규칙에 맞게 꽃 심기

냥이가 마당에 꽃을 심었어요. 펭이는 냥이가 심은 꽃에 어떤 규칙이 있다는 걸 알아차렸어요. 냥이가 심은 꽃의 규칙에 따라 빈칸에 알맞은 스티커를 붙여 보세요. 활동북 3쪽

● 보기와 같이 모양에 따라 반복되는 규칙을 찾아 ◯로 묶어 보세요.

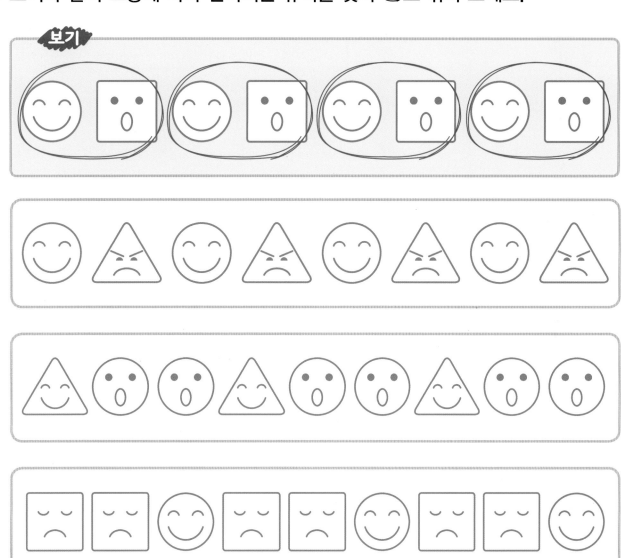

일정한 규칙에 따라 반복되는
색깔, 모양, 크기 등을 '**패턴**'이라고 해요.
또, 일정하게 반복되는 부분을
'**마디**'라고 해요.

● 주차장에 있는 자동차들에 일정한 규칙이 있습니다. 규칙에 따라 빈칸에 알맞은 자동차 스티커를 붙여 보세요. 활동북 3쪽

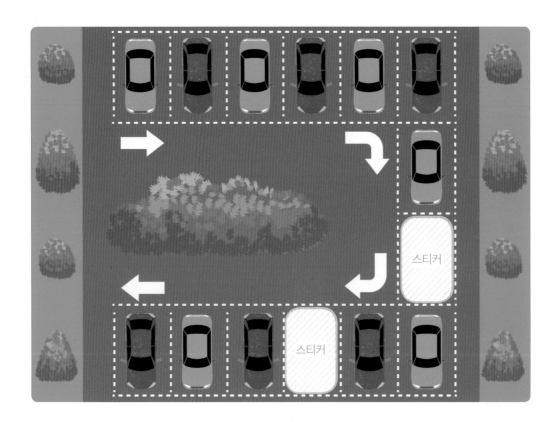

● 규칙에 따라 빈칸에 알맞은 스티커를 붙여 보세요. 활동북 4쪽

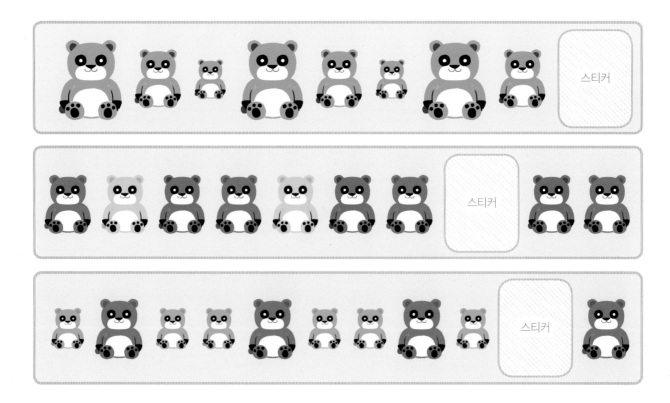

● 규칙에 따라 빈 곳에 알맞게 색칠하세요.

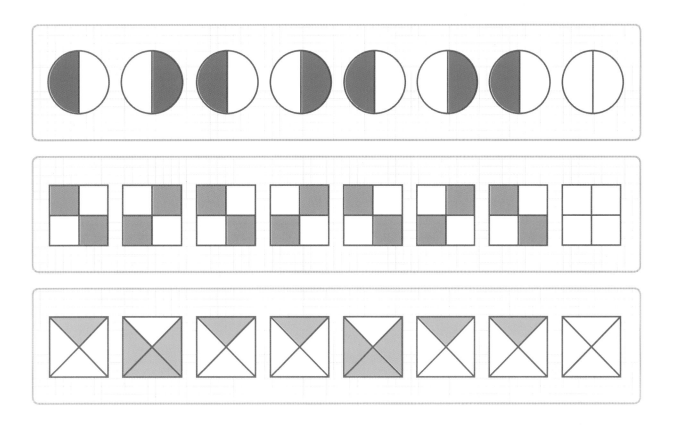

● 규칙에 따라 빈 곳에 알맞게 색칠하세요.

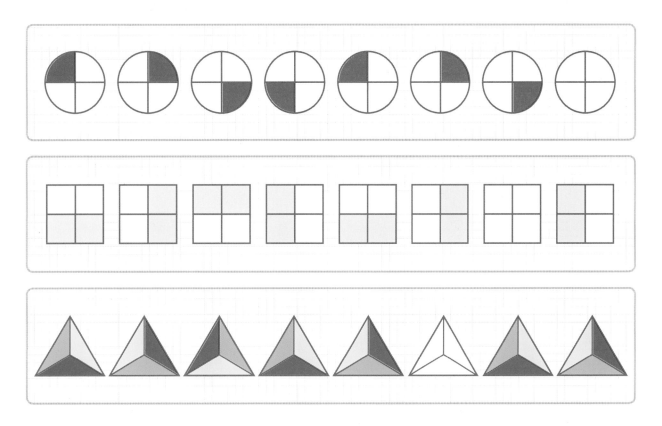

개념 탐구2 매트릭스 규칙 찾기

맛있는 빵 만들기

가로와 세로에 빵과 잼을 넣으면 맛있는 빵이 만들어지는 기계가 있어요.
빈칸에는 어떤 빵이 만들어지는지 알맞은 스티커를 붙여 보세요. 활동북 4쪽

가로 줄과 세로 줄이 만나는 곳의 빈칸을 채우는 것을 '매트릭스' 라고 해.

매트릭스는 조건에 맞게 빈칸을 채우는 활동이야.

● 규칙에 맞게 빈칸에 알맞은 모양을 그리고 색칠하세요.

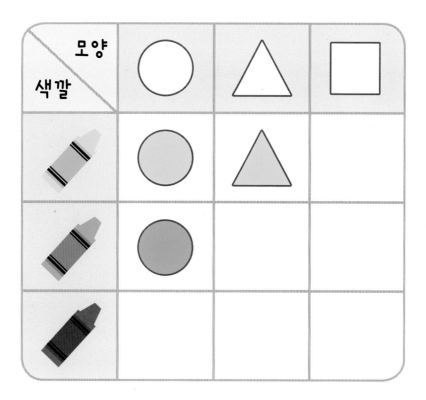

● 규칙에 맞게 빈칸에 알맞은 그림을 그려 보세요.

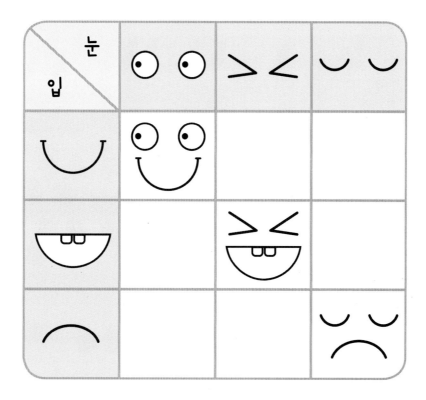

● 가로와 세로의 규칙에 맞게 매트릭스를 만들었습니다. 빈칸에 들어갈 모양에
○표 하세요.

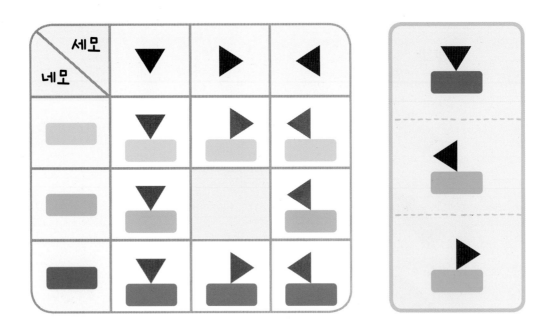

● 가로와 세로의 규칙에 맞게 매트릭스를 만들었습니다. ①과 ②에 들어갈 모양
에 ○표 하세요.

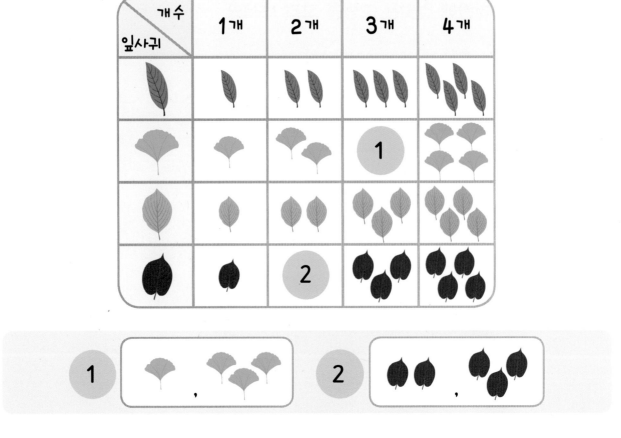

● 가로와 세로의 규칙에 맞게 매트릭스를 만들었습니다. 틀린 부분 2곳을 찾아 ✕표 하세요.

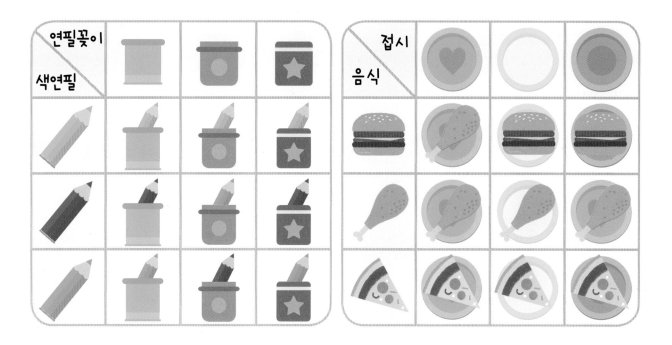

PLUS 도전! 가로와 세로의 규칙에 맞게 알맞은 스티커를 붙이고 만들 수 있는 쿠키의 종류는 모두 몇 가지인지 쓰세요. 활동북 4쪽

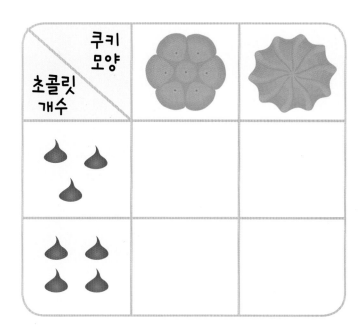

만들 수 있는 쿠키 [   ] 가지

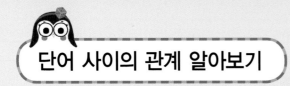

단어 사이의 관계 알아보기

두 단어 사이의 관계를 알아보고 빈칸에 알맞은 단어에 모두 ◯표 하세요.

하늘에는 파랑새
그럼, 바다에는?

하늘 파랑새 : 바다

달팽이   장미

오징어   제비

고래   단풍나무   참새

두 그림 사이의 관계를 알아보고 빈칸에 알맞은 그림에 ◯표 하세요.

● 관계있는 것끼리 선으로 이어 보세요.

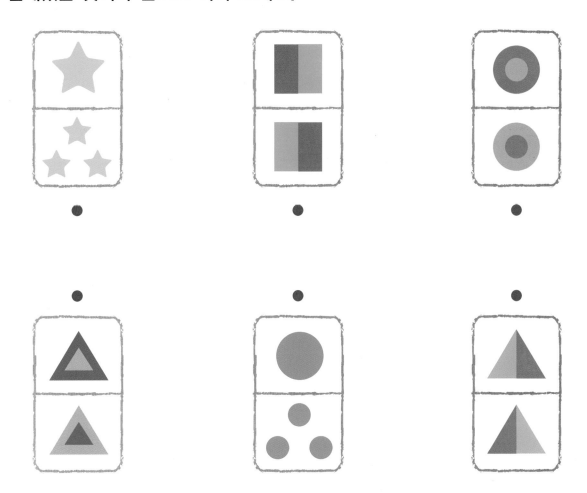

● 그림 사이의 관계를 알아보고 빈칸에 알맞은 그림에 ○표 하세요.

● 주어진 조건대로 모양을 바꿔주는 신기한 기계가 있습니다. 빈칸에 알맞은 스티커를 붙여 보세요. 활동북 4쪽

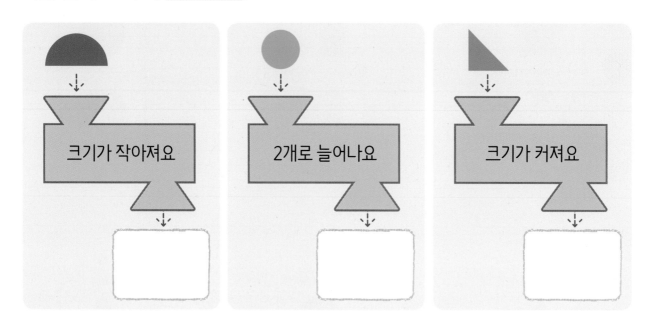

 가로와 세로의 규칙에 맞게 매트릭스를 만들었습니다. 물음에 답하세요.

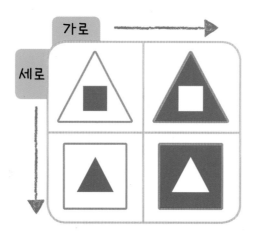

1 가로 방향에는 어떤 규칙이 있는지 알맞은 것에 ○표 하세요.

색칠한 부분의 위치가 바뀌었습니다. ☐

모양의 위치가 바뀌었습니다. ☐

2 세로 방향에는 어떤 규칙이 있는지 알맞은 것에 ○표 하세요.

색칠한 부분의 위치가 바뀌었습니다. ☐

모양의 위치가 바뀌었습니다. ☐

LET'S PLAY

나만의 패턴 만들기 활동북 6쪽

1 주머니를 준비하여 패턴 카드 6장을 넣어 주세요.

2 패턴 카드를 2장 또는 3장을 뽑아 주세요.

3 뽑은 카드의 모양으로 나만의 패턴을 만들고, 빈칸에 알맞게 그려 보세요.

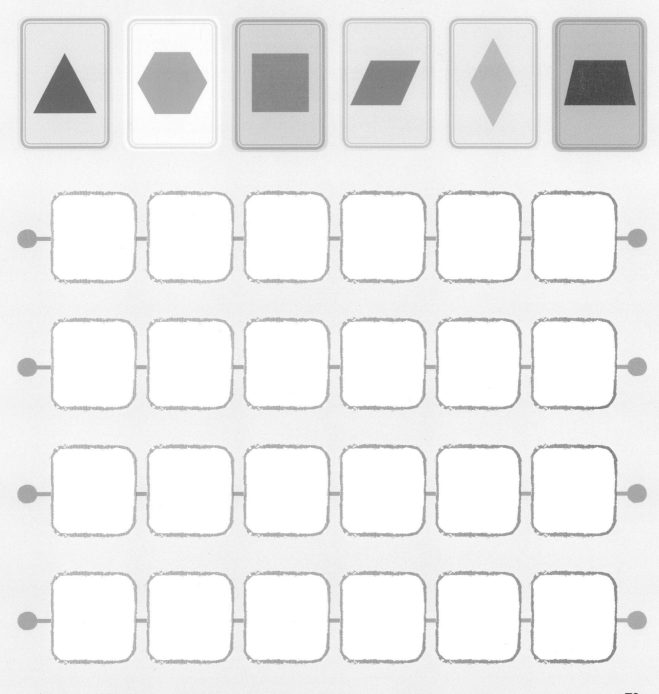

확인학습

● 반복되는 모양을 찾아 **패턴의 마디**를 ◯로 묶어 보세요.

● 가로와 세로의 규칙에 맞게 매트릭스를 만들었습니다. 물음에 답하세요.

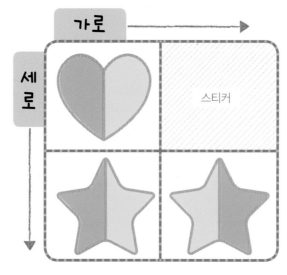

1 가로 방향에는 어떤 규칙이 있는지 알맞은 것에 ◯표 하세요.

　왼쪽과 오른쪽의 색깔이 바뀌었습니다. ☐

　모양이 바뀌었습니다. ☐

2 세로 방향에는 어떤 규칙이 있는지 알맞은 것에 ◯표 하세요.

　왼쪽과 오른쪽의 색깔이 바뀌었습니다. ☐

　모양이 바뀌었습니다. ☐

3 규칙에 맞게 빈칸에 알맞은 스티커를 붙여 보세요. 활동북 4쪽

● 두 단어 사이의 관계를 알아보고 빈칸에 알맞은 말을 보기에서 찾아 쓰세요.

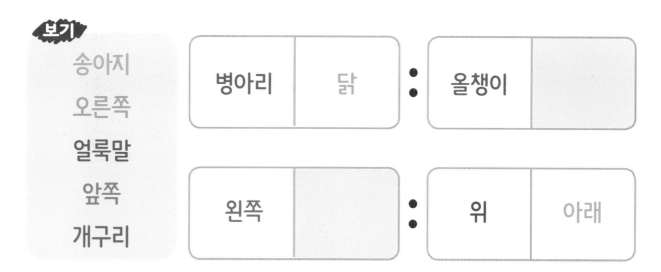

보기

송아지
오른쪽
얼룩말
앞쪽
개구리

병아리 | 닭 : 올챙이 |

왼쪽 | : 위 | 아래

● 규칙에 맞게 빈 곳에 알맞게 색칠하세요.

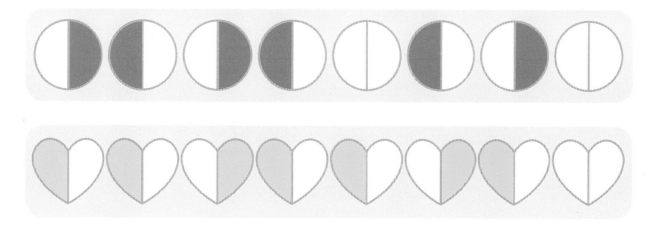

● 그림을 보고 모양의 규칙을 찾아 빈칸에 알맞은 모양을 그려 보세요.

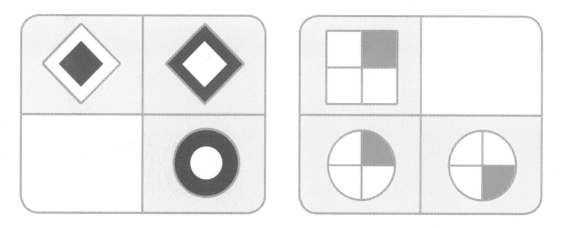

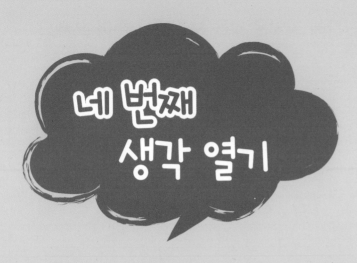

모두 합하면 얼마인가요

펭이와 냥이가 슈퍼마켓에서 식빵과 우유를 사고 거스름돈을
받았어요. 펭이와 냥이가 받은 거스름돈은 모두 얼마일까요?
1원짜리, 5원짜리, 10원짜리 동전의 개수만큼
빈칸에 스티커를 붙이고 얼마인지 쓰세요.

활동북 4, 5쪽

10원짜리 동전	5원짜리 동전	1원짜리 동전
스티커	스티커	스티커
원	원	원

과일값 알아보기

냥이는 펭이와 함께 과일을 사러 갔어요. 사야 하는 과일은 바나나 1송이, 딸기 1봉지, 복숭아 3개예요. 가격표를 보고 과일값에 맞게 10원짜리 동전 스티커를 붙여 보세요. 활동북 4, 5쪽

바나나 1송이
50원

복숭아 1개
20원

수박 1통
90원

딸기 1봉지
30원

참외 1개
10원

바나나 1송이	딸기 1봉지	복숭아 3개
스티커	스티커	스티커

● 동전을 세어 보고 모두 얼마인지 쓰세요.

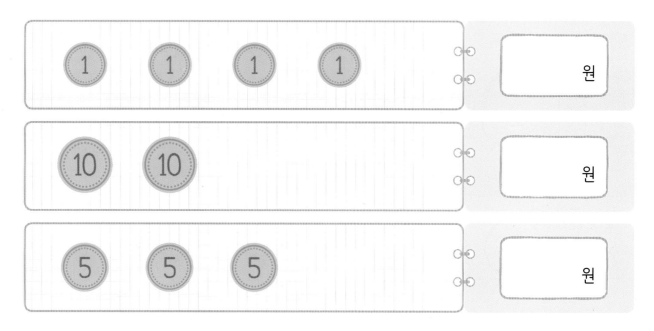

● 지갑에 들어 있는 동전을 세어 보고 모두 얼마인지 쓰세요.

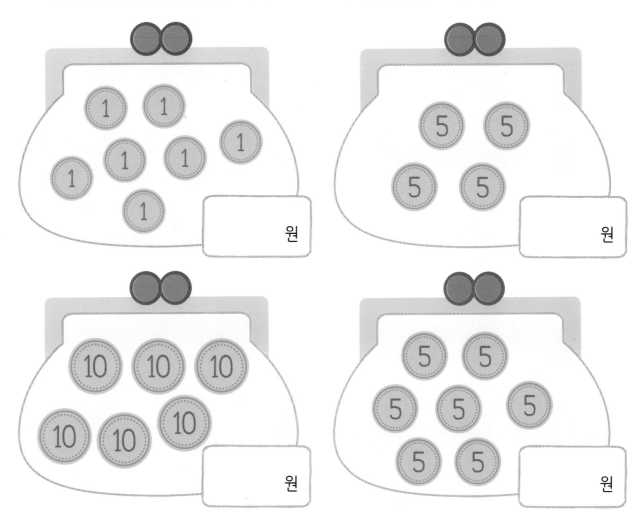

● 장난감의 가격만큼 1원짜리 동전 스티커를 붙여 보세요. 활동북 4, 5쪽

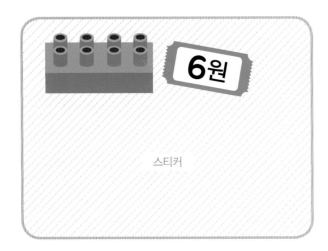

스티커

스티커

● 인형의 가격만큼 10원짜리 동전 스티커를 붙여 보세요. 활동북 4, 5쪽

스티커

스티커

● 음식의 가격만큼 5원짜리 동전 스티커를 붙여 보세요. 활동북 4, 5쪽

스티커

스티커

● 펭이와 냥이가 각자 가진 돈을 모두 써서 살 수 있는 장난감을 찾아 선으로 이어 보세요.

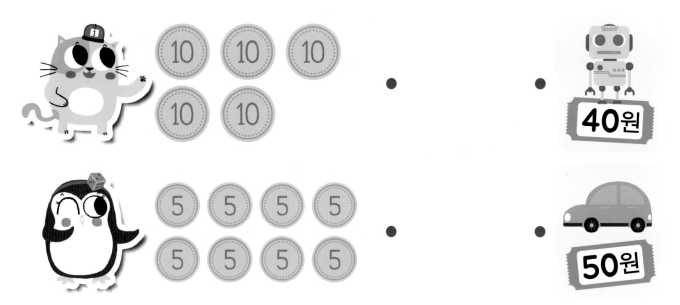

● 왼쪽의 돈을 모두 써서 살 수 있는 물건에 ○표 하세요.

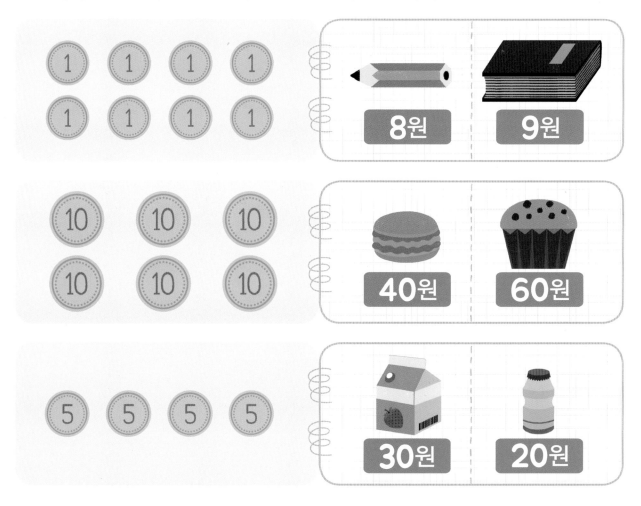

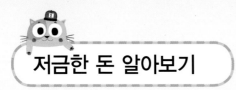

저금한 돈 알아보기

펭이가 냥이의 생일 선물을 사려고 저금을 했어요. 펭이의 저금통에 있는
동전의 수만큼 빈칸에 동전 스티커를 붙여 보고 모두 얼마인지 쓰세요.

활동북 4, 5쪽

여러 가지 동전이 섞여 있네. 모두 얼마일까?

여러 가지 동전이 섞여 있을 때는 금액이 큰 동전부터 차례대로 늘어놓고 세어봐!

5원짜리 동전	1원짜리 동전	
스티커	스티커	원

● 지갑 안에 있는 동전들을 금액이 큰 동전부터 스티커를 붙이고 모두 얼마인지 쓰세요. 활동북 4, 5쪽

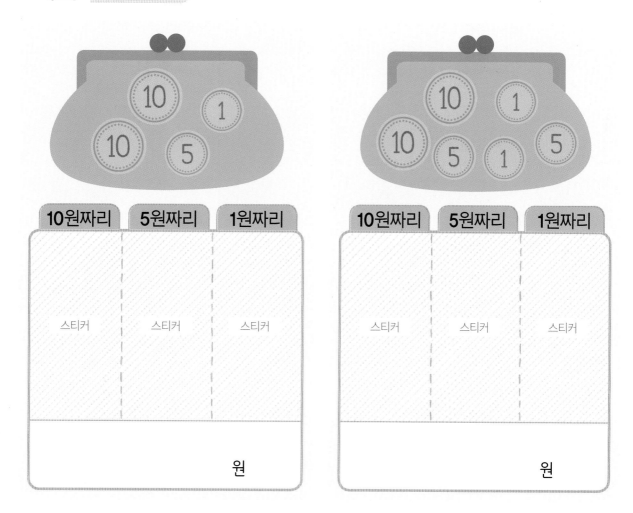

● 보기와 같이 물건의 가격만큼 동전에 색칠해 보세요.

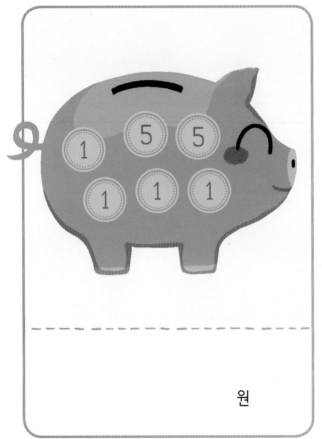

원

원

원

원

● 5원을 남김없이 모두 써서 간식을 사려고 합니다. 살 수 있는 간식에 모두 ○표 하세요.

PLUS 도전! 펭이와 냥이가 각자 가지고 있는 돈 10원을 모두 써서 간식을 사려고 합니다. 펭이와 냥이가 고를 수 있는 간식에 모두 ○표 하세요.

동전 바꾸기

원하는 동전으로 바꾸기

원하는 동전으로 바꿔주는 기계가 있어요. 냥이와 펭이는 각각 1원짜리 동전을 10개씩 갖고 있는데 냥이는 모두 5원짜리 동전으로, 펭이는 모두 10원짜리 동전으로 바꾸고 싶어 해요. 냥이와 펭이가 가지고 있는 동전을 모두 이 기계에 넣으면 5원짜리 동전과 10원짜리 동전은 각각 몇 개씩 나오는지 스티커를 붙여 보세요. 활동북 4, 5쪽

스티커

스티커

● 동전을 세어 보고 금액이 같은 것끼리 선으로 이어 보세요.

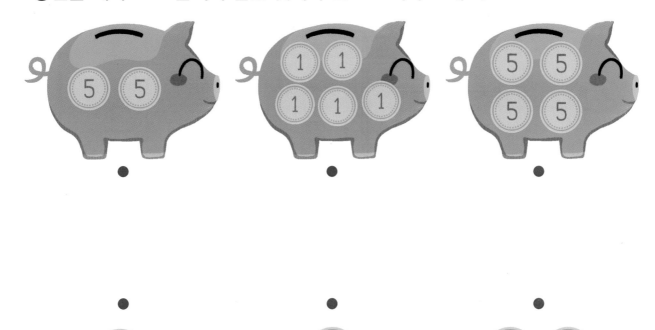

● 보기와 같이 동전을 세어 보고 같은 금액만큼 동전을 ○로 묶어 보세요.

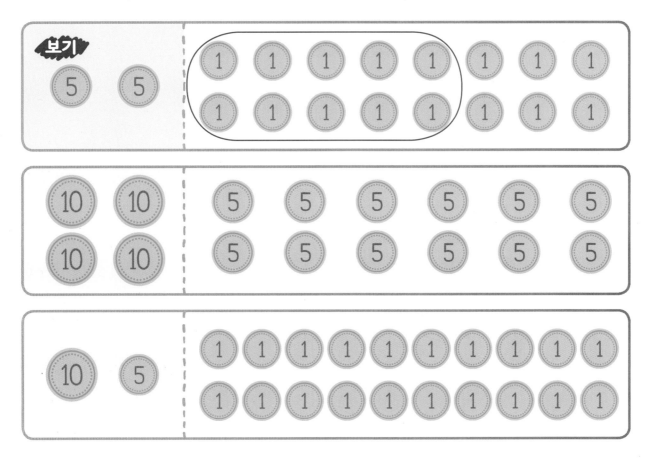

● 보기와 같이 동전을 세어 보고 같은 금액만큼 10원짜리 동전과 1원짜리 동전 스티커를 붙여 보세요. 활동북 4, 5쪽

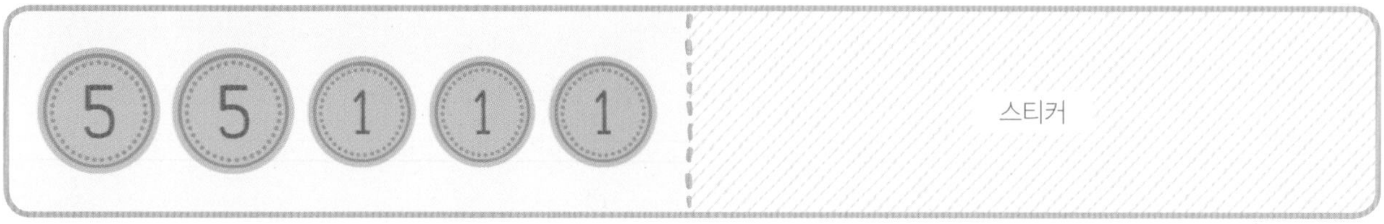

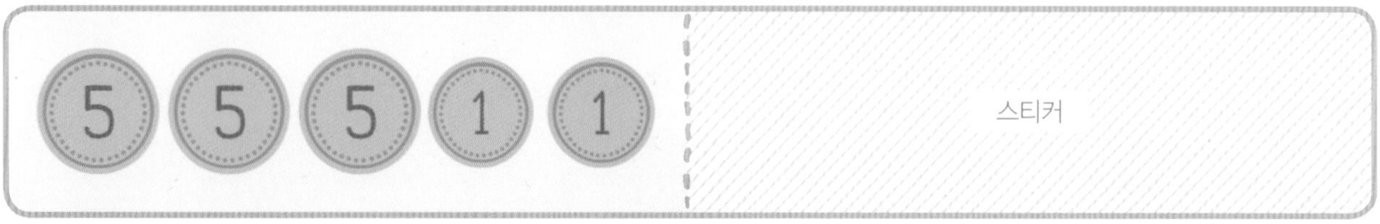

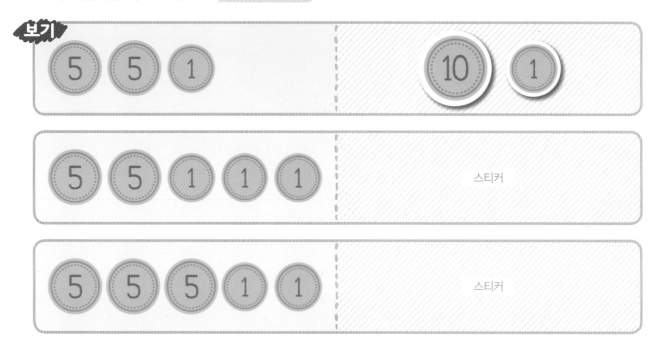

PLUS 도전! 보기와 같이 시계의 가격을 동전 스티커를 붙여 두 가지로 나타내어 보세요.

활동북 4, 5쪽

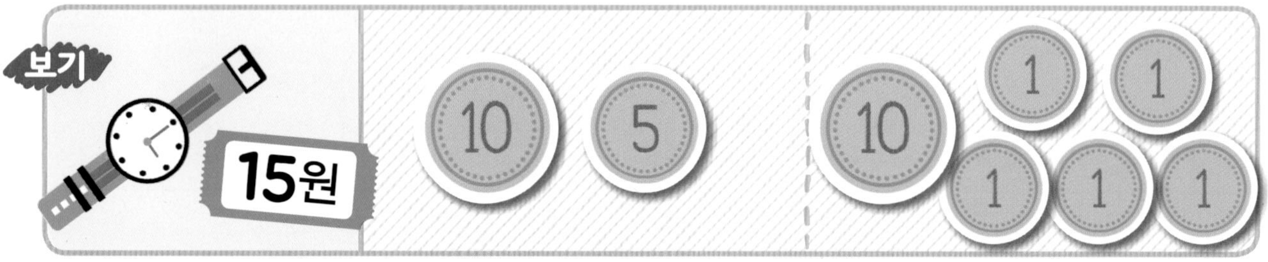

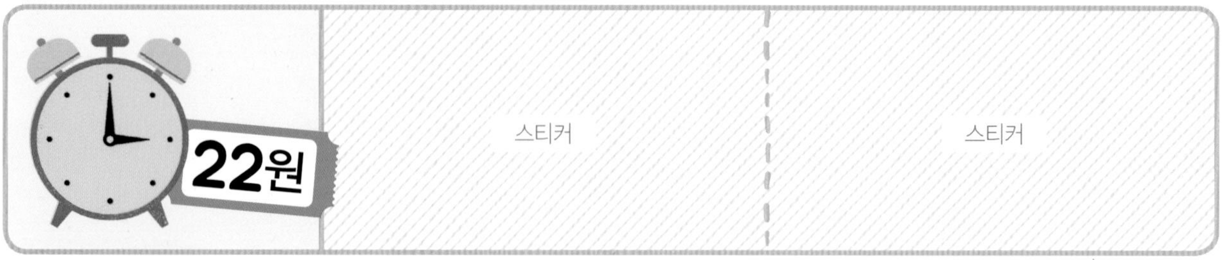

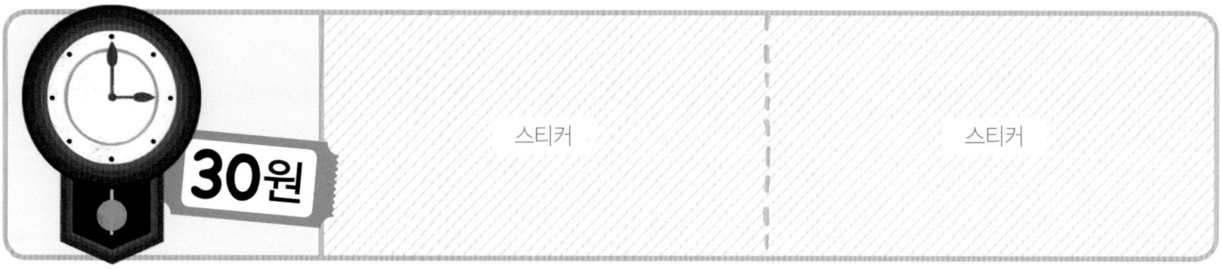

동전 나무 동전 열매

동전 나무에는 동전 꽃이 피고, 동전 열매가 열린대요.

집에 있는 동전을 이용하여 나무의 열매를 예쁘게 완성해 주세요.

준비물 색연필, 500원짜리 동전, 100원짜리 동전, 10원짜리 동전

방법 열매가 그려진 종이 뒤에 동전을 대고 색연필로 칠해 보세요.

동전 열매를 예쁘게 완성해 봐.

여러 가지 색을 써도 좋아.

● 그림을 보고 물음에 답하세요.

1 냥이가 오렌지 주스 1병과 포도 주스 1병을 사고 돈을 내려고 합니다. 모두 얼마를 내야 하는지 알맞은 동전에 ◯표 하세요.

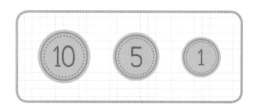

2 펭이가 생수, 사과 주스, 딸기 우유를 각각 1개씩 사려고 합니다. 필요한 돈은 모두 얼마인지 빈칸에 알맞은 수를 쓰고, 그 금액만큼 5원짜리 동전과 1원짜리 동전 스티커를 붙여 보세요. 활동북 4, 5쪽

원

스티커

PLUS 도전! 주어진 돈을 남김없이 모두 써서 물건을 사려고 합니다. 살 수 있는 물건에 모두 ○표 하세요.

● 장난감의 가격만큼 동전을 ○로 묶어 보세요.

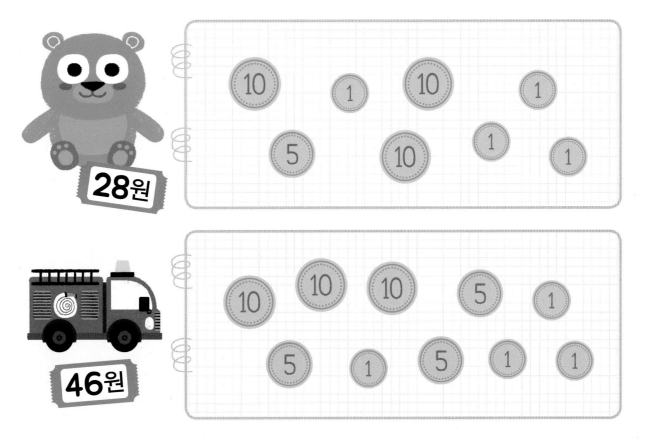

● 색깔과 크기의 규칙을 찾아 보고 빈칸에 알맞은 모양에 ○표 하세요.

● 규칙을 찾아 빈 곳에 알맞게 색칠하세요.

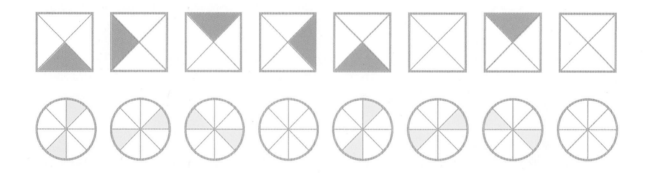

● 색깔과 모양의 규칙을 찾아 보고 빈칸에 알맞은 모양을 그려 보세요.

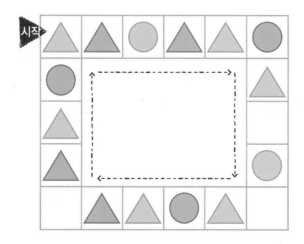

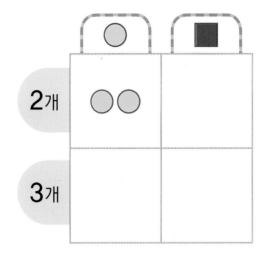

● 가로와 세로의 규칙에 맞게 매트릭스를
완성하려고 합니다. 빈칸에 알맞은 모양
을 그려 보세요.

● 물건의 가격만큼 동전을 색칠해 보세요

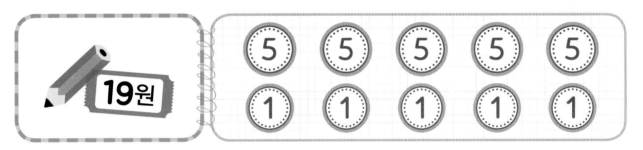

● 냥이가 가진 돈을 모두 1원짜리 동전으로 바꾸려고 합니다. 1원짜리 동전 몇 개
로 바꿀 수 있는지 빈칸에 알맞은 수를 쓰세요.

● 다음 금액을 동전 스티커를 붙여 두 가지로 나타내어 보세요.　　활동북 4, 5쪽

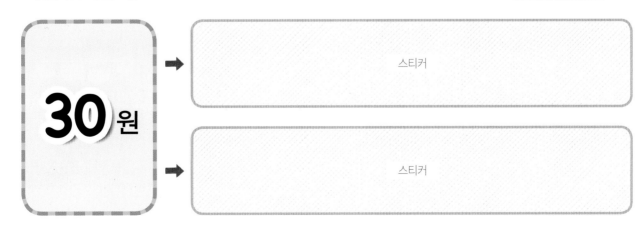

정답

첫 번째 생각 열기

첫 번째 생각 열기

시곗바늘이 사라졌어요

냥이 엄마는 냥이에게 저녁 5시까지는
꼭 집에 들어오라고 했어요.
친구들과 놀이터에서 놀던 냥이는
지금이 몇 시인지 궁금해 시계를 보았어요.
그런데 시계를 보니 시곗바늘이 없습니다.
냥이가 시계를 볼 수 있도록 시곗바늘을 색칠해 보세요.

개념 탐구 1 일이 일어난 순서

일이 일어난 순서 찾기

● 먼저 일어난 일에 ○표 하세요.

● 나중에 일어난 일에 ○표 하세요.

 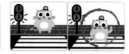

● 펭이가 아침에 하는 일을 나타낸 그림입니다. 일이 일어난 순서대로 □ 안에
1, 2, 3, 4를 쓰세요.

 1   3   2   4

● 현수가 저녁에 하는 일을 나타낸 그림입니다. 일이 일어난 순서대로 □ 안에
1, 2, 3, 4를 쓰세요.

4   2   3   1

PLUS 도전! 농장에서 일이 일어난 순서대로 그림 카드를 붙여 보세요. 활동북 6쪽

개념탐구 2 시계 보기

 디지털시계 알아보기

시곗바늘대신 숫자로 시각을 나타내는 시계를 '**디지털시계**'라고 해요.

디지털시계에서 : 뒤의 숫자가 00일 때 : 앞의 숫자를 따라 '**몇 시**'라고 읽어요.

: 앞의 숫자가 1부터 9까지일 때는 숫자 앞에 0이 있을 때도 있어.

디지털시계에서 : 뒤의 숫자가 30일 때 : 앞의 숫자를 따라 '**몇 시 30분**'이라고 읽어요.

: 앞의 숫자는 '몇 시', 뒤의 숫자는 '몇 분'을 나타내.

14

● 보기와 같이 디지털시계를 보고 □안에 알맞은 숫자를 쓰세요.

보기

 : 앞의 숫자는 5, : 뒤의 숫자는 00이므로

[5] 시 입니다.

: 앞의 숫자는 12, : 뒤의 숫자는 00이므로

[12] 시 입니다.

● 보기와 같이 디지털시계가 나타내는 시각은 몇 시 몇 분인지 쓰세요.

보기

8:30	6:30	11:30
8 시 30 분	6 시 30 분	11 시 30 분

● 디지털시계가 나타내는 시각은 몇 시 몇 분인지 쓰세요.

12:40	10:15	11:05
12 시 40 분	10 시 15 분	11 시 5 분

15

시계에는 길이가 다른 바늘이 2개 있어요.
긴바늘과 짧은바늘이 가리키는 것을 보고, 몇 시 몇 분인지 알 수 있어요.
시계의 짧은바늘은 시를 나타내요. 긴바늘이 12를 가리킬 때, 짧은바늘이 가리키는 숫자를 따라 '몇 시'라고 해요.

긴바늘이 12, 짧은바늘이 3을 가리키고 있으니까 시계는 '시'를 나타내고 '세 시'라고 읽어!

● ○안에 시계의 긴바늘과 짧은바늘이 가리키는 숫자를 각각 쓰고, 시계가 나타내는 시각은 몇 시인지 쓰세요.

 긴바늘 12 짧은바늘 4

4 시

 긴바늘 12 짧은바늘 9

9 시

16

● 보기와 같이 시계의 시각을 바르게 나타낸 것에 ○표 하세요.

보기

(5시) 6시	9시 (10시)	8시 (12시)

(11시) 6시	6시 (8시)	(2시) 3시

● 보기와 같이 시각에 맞게 시계의 짧은바늘을 그려 보세요.

보기 세 시	일곱 시	한 시

17

101

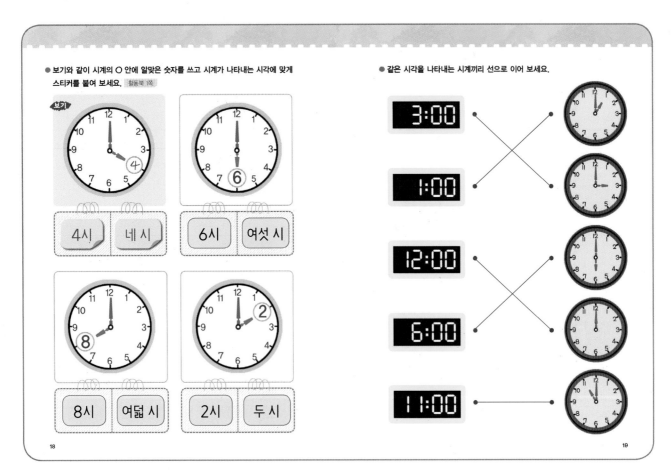

● 보기와 같이 시계의 ○ 안에 알맞은 숫자를 쓰고 시계가 나타내는 시각에 맞게 스티커를 붙여 보세요. 활동북 1쪽

보기

4시 네 시

6시 여섯 시

8시 여덟 시

2시 두 시

● 같은 시각을 나타내는 시계끼리 선으로 이어 보세요.

3:00

1:00

12:00

6:00

11:00

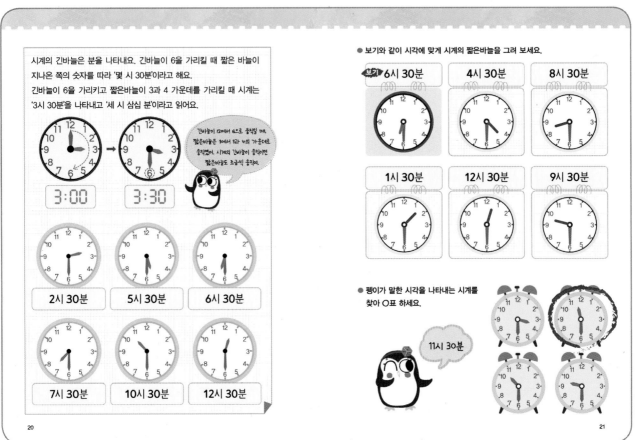

시계의 긴바늘은 분을 나타내요. 긴바늘이 6을 가리킬 때 짧은 바늘이 지나온 쪽의 숫자를 따라 '몇 시 30분'이라고 해요.
긴바늘이 6을 가리키고 짧은바늘이 3과 4 가운데를 가리킬 때 시계는 '3시 30분'을 나타내고 '세 시 삼십 분'이라고 읽어요.

3:00 → 3:30

긴바늘이 12에서 6으로 움직일 때, 짧은바늘은 3에서 3과 4의 가운데로 움직였어. 시계의 긴바늘이 움직이면 짧은바늘도 조금씩 움직여.

2시 30분

5시 30분

6시 30분

7시 30분

10시 30분

12시 30분

● 보기와 같이 시각에 맞게 시계의 짧은바늘을 그려 보세요.

보기 6시 30분

4시 30분

8시 30분

1시 30분

12시 30분

9시 30분

● 펭이가 말한 시각을 나타내는 시계를 찾아 ○표 하세요.

11시 30분

102

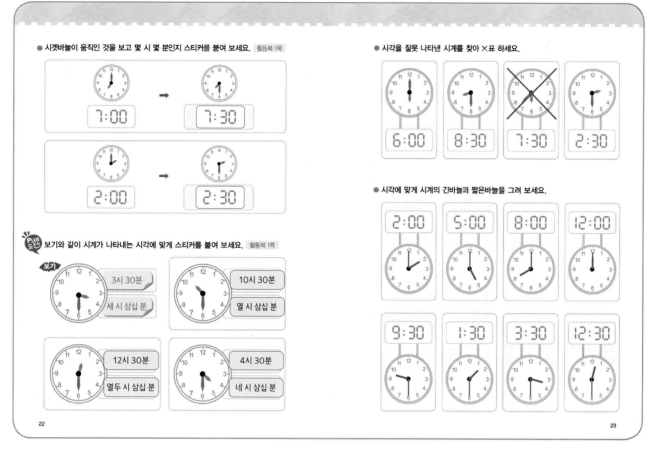

● 시곗바늘이 움직인 것을 보고 몇 시 몇 분인지 스티커를 붙여 보세요. 활동북 1쪽

7:00 → 7:30

2:00 → 2:30

보기와 같이 시계가 나타내는 시각에 맞게 스티커를 붙여 보세요. 활동북 1쪽

보기
3시 30분
세 시 삼십 분

10시 30분
열 시 삼십 분

12시 30분
열두 시 삼십 분

4시 30분
네 시 삼십 분

22

● 시각을 잘못 나타낸 시계를 찾아 ✕표 하세요.

6:00   8:30   7:30   2:30

● 시각에 맞게 시계의 긴바늘과 짧은바늘을 그려 보세요.

2:00   5:00   8:00   12:00

9:30   1:30   3:30   12:30

23

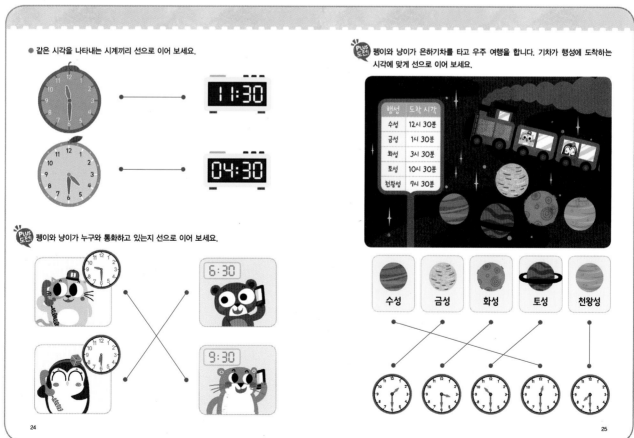

● 같은 시각을 나타내는 시계끼리 선으로 이어 보세요.

11:30

04:30

펭이와 냥이가 누구와 통화하고 있는지 선으로 이어 보세요.

6:30

9:30

24

펭이와 냥이가 은하기차를 타고 우주 여행을 합니다. 기차가 행성에 도착하는 시각에 맞게 선으로 이어 보세요.

행성	도착 시각
수성	12시 30분
금성	1시 30분
화성	3시 30분
토성	10시 30분
천왕성	7시 30분

수성   금성   화성   토성   천왕성

25

개념 탐구 3 달력 알아보기

생일 달력 만들기

내 생일이 있는 달력을 찾아보고, 빈칸에 수를 채워 생일 달력을 만들어 보세요. 예

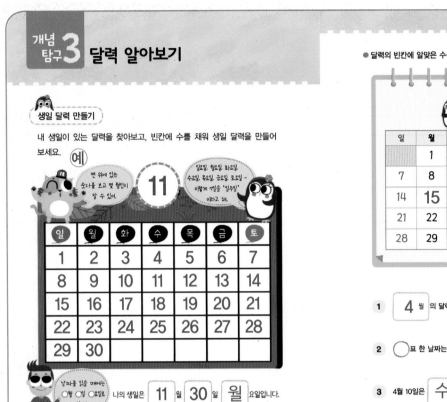

나의 생일은 **11** 월 **30** 일 **월** 요일입니다.

● 달력의 빈칸에 알맞은 수를 쓰고 물음에 답하세요.

4월

일	월	화	수	목	금	토
	1	2	3	4	5	6
7	8	9	10	11	12	13
14	15	16	17	18	⑲	20
21	22	23	24	25	26	27
28	29	30				

1 **4** 월 의 달력입니다.

2 ○표 한 날짜는 **4** 월 **19** 일 입니다.

3 4월 10일은 **수** 요일 입니다.

26

27

● 달력을 보고 물음에 답하세요.

7월

일	월	화	수	목	금	토
			1	🍰	3	4
5	6	7	8	⑨	10	11
12	13	14	15	16	17	18
19	20	㉑	22	23	24	25
26	27	28	29	㉚	31	

1 다음 날짜를 찾아 ○표 하세요.

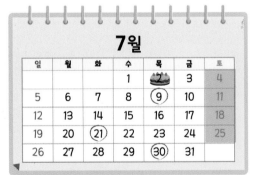

☐ 7월 9일   7월 21일   7월 30일

2 토요일을 모두 찾아 색칠해 보세요.

3 가은이의 생일은 7월 2일입니다. 가은이의 생일을 찾아 케이크 스티커를 붙여 보세요. 활동붙1쪽

● 달력을 보고 물음에 답하세요.

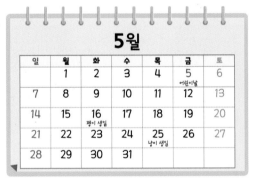

5월

일	월	화	수	목	금	토
	1	2	3	4	5 어린이날	6
7	8	9	10	11	12	13
14	15	16 펭이 생일	17	18	19	20
21	22	23	24	25 냥이 생일	26	27
28	29	30	31			

1 일주일은 일요일, **월** 요일, **화** 요일, **수** 요일, **목** 요일, **금** 요일, **토** 요일로 모두 7일입니다.

2 냥이의 생일은 **5** 월 **25** 일 입니다.

3 어린이날은 5월 **5** 일 **금** 요일 입니다.

28

29

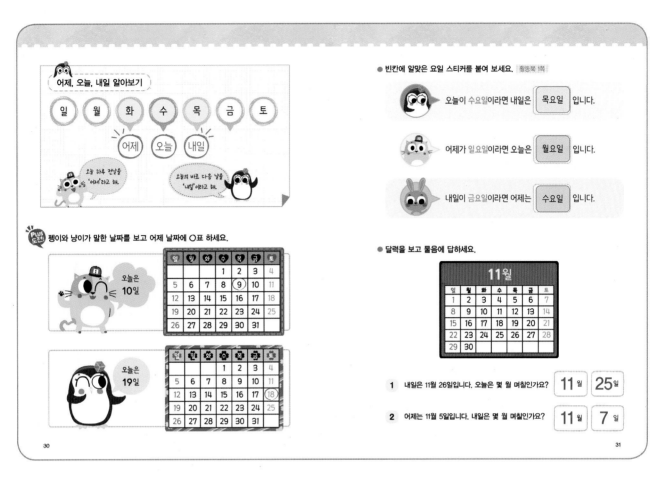

● 빈칸에 알맞은 요일 스티커를 붙여 보세요. 활동북 1쪽

오늘이 수요일이라면 내일은 **목요일** 입니다.

어제가 일요일이라면 오늘은 **월요일** 입니다.

내일이 금요일이라면 어제는 **수요일** 입니다.

● 달력을 보고 물음에 답하세요.

11월

일	월	화	수	목	금	토
1	2	3	4	5	6	7
8	9	10	11	12	13	14
15	16	17	18	19	20	21
22	23	24	25	26	27	28
29	30					

1 내일은 11월 26일입니다. 오늘은 몇 월 며칠인가요? **11** 월 **25** 일

2 어제는 11월 5일입니다. 내일은 몇 월 며칠인가요? **11** 월 **7** 일

30   31

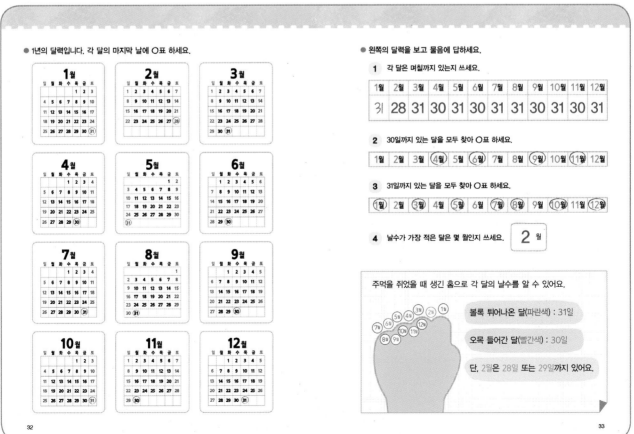

● 1년의 달력입니다. 각 달의 마지막 날에 ○표 하세요.

● 왼쪽의 달력을 보고 물음에 답하세요.

1 각 달은 며칠까지 있는지 쓰세요.

1월	2월	3월	4월	5월	6월	7월	8월	9월	10월	11월	12월
31	28	31	30	31	30	31	31	30	31	30	31

2 30일까지 있는 달을 모두 찾아 ○표 하세요.

1월 2월 3월 ④월 5월 ⑥월 7월 8월 ⑨월 10월 ⑪월 12월

3 31일까지 있는 달을 모두 찾아 ○표 하세요.

①월 2월 ③월 4월 ⑤월 6월 ⑦월 ⑧월 9월 ⑩월 11월 ⑫월

4 날수가 가장 적은 달은 몇 월인지 쓰세요. **2** 월

주먹을 쥐었을 때 생긴 홈으로 각 달의 날수를 알 수 있어요.

볼록 튀어나온 달(파란색) : 31일

오목 들어간 달(빨간색) : 30일

단, 2월은 28일 또는 29일까지 있어요.

32   33

105

정답

LET'S PLAY

디지털시계 놀이 활동북 6, 7쪽

1. 시계 카드와 종이 막대 28개를 준비합니다.
2. 두 사람이 순서를 정하여 자신의 순서에 시계 카드를 한 장 뽑습니다.
3. 다른 사람은 상대방이 뽑은 시계 카드와 같은 시각을 종이 막대로 디지털시계에 나타냅니다.

ACTIVE BOARD

▼ 5번 게임을 하고 활동판에 승패를 기록하세요.

활동판 이름	1회	2회	3회	4회	5회	이긴 사람

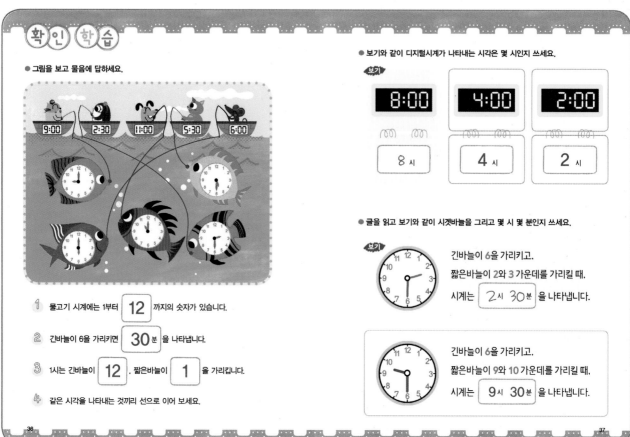

확인학습

● 그림을 보고 물음에 답하세요.

1. 물고기 시계에는 1부터 **12** 까지의 숫자가 있습니다.

2. 긴바늘이 6을 가리키면 **30** 분을 나타냅니다.

3. 1시는 긴바늘이 **12**, 짧은바늘이 **1** 을 가리킵니다.

4. 같은 시각을 나타내는 것끼리 선으로 이어 보세요.

● 보기와 같이 디지털시계가 나타내는 시각은 몇 시인지 쓰세요.

보기

8:00	4:00	2:00
8 시	**4** 시	**2** 시

● 글을 읽고 보기와 같이 시곗바늘을 그리고 몇 시 몇 분인지 쓰세요.

보기

긴바늘이 6을 가리키고,
짧은바늘이 2와 3 가운데를 가리킬 때,
시계는 **2** 시 **30** 분을 나타냅니다.

긴바늘이 6을 가리키고,
짧은바늘이 9와 10 가운데를 가리킬 때,
시계는 **9** 시 **30** 분을 나타냅니다.

106

● 다음은 냥이의 하루 생활입니다. 보기와 같이 이야기에 나온 시각을 시계에 그려 보세요.

아침 7시에 일어나요.

10시에 수학 공부를 해요.

6시 30분에 저녁 식사를 해요.

9시 30분에 잠자리에 들어요.

● 빈칸에 알맞은 스티커를 붙여 보세요. 활동북 1쪽

| 일요일 | 월요일 | 화요일 | 수요일 | 목요일 | 금요일 | 토요일 |

| 21일 | 22일 | 23일 |
| 어제 | 오늘 | 내일 |

● 수요일을 나타내는 동물에 ○표 하세요.

 월요일 다음 날

 요일 전날

 화요일 전날

PLUS 도전! 글을 읽고 빈칸에 알맞은 요일 스티커를 붙여 보세요. 활동북 1쪽

어제는 월요일 서윤이의 생일이었습니다.
오늘은 무슨 요일인가요? → 화요일

내일은 목요일입니다.
어제는 무슨 요일이었나요? → 화요일

우리 가족은 드디어 내일 동물원에 가요.
동물원에 가기로 한 날은 토요일이었지요.
오늘은 무슨 요일인가요? → 금요일

38 · 39

두 번째 생각 열기

두 번째 생각 열기

동물들의 키 재기

한 칸의 크기가 같은 막대 그림으로
동물 친구들의 키를 재었어요.
키가 가장 작은 동물과 가장 큰 동물에
○표 하세요.

40

41

107

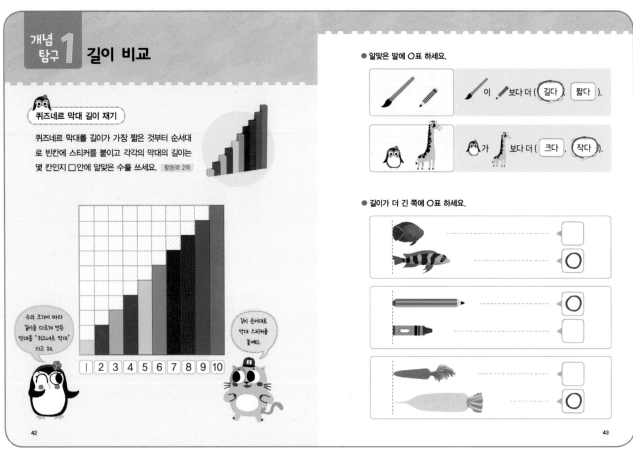

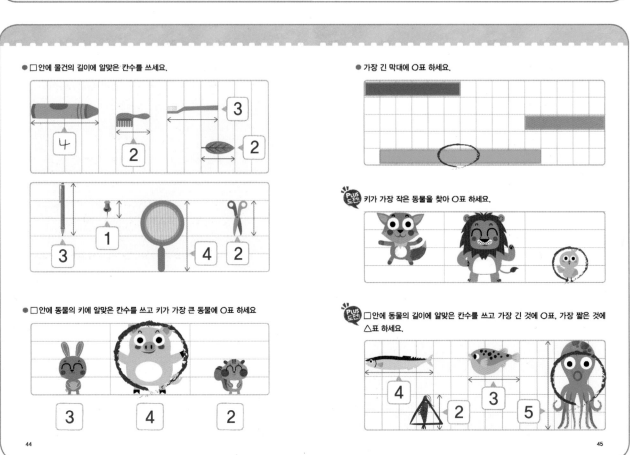

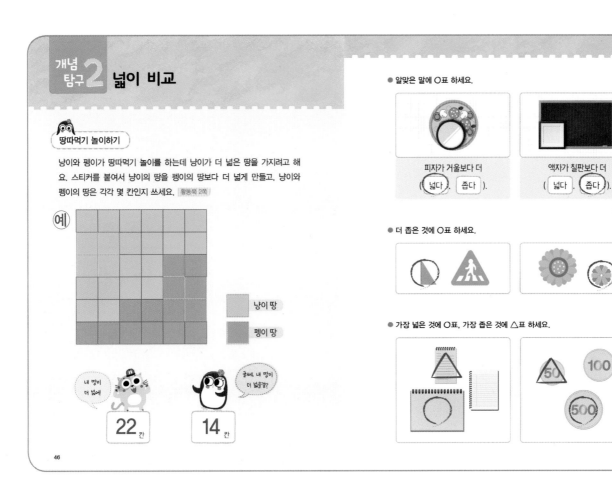

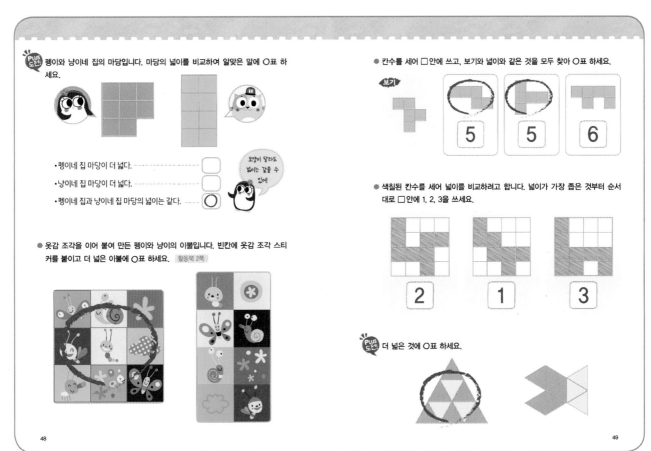

정답

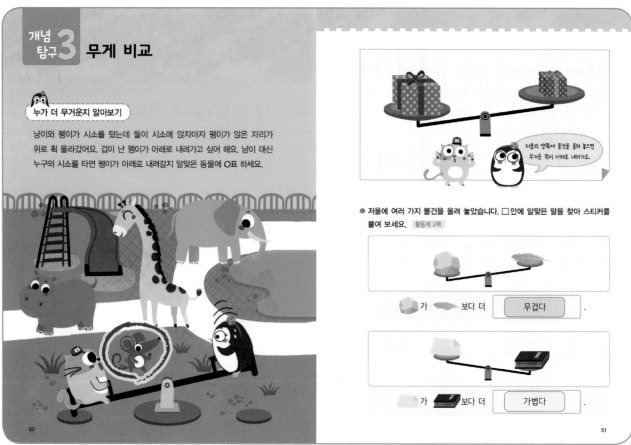

개념 탐구 3 무게 비교

누가 더 무거운지 알아보기

냥이와 펭이가 시소를 탔는데 둘이 시소에 앉자마자 펭이가 앉은 자리가 위로 획 올라갔어요. 겁이 난 펭이가 아래로 내려가고 싶어 해요. 냥이 대신 누구와 시소를 타면 펭이가 아래로 내려갈지 알맞은 동물에 ○표 하세요.

50

저울의 양쪽에 물건을 올려 놓으면 무거운 쪽이 아래로 내려가요.

● 저울에 여러 가지 물건을 올려 놓았습니다. □ 안에 알맞은 말을 찾아 스티커를 붙여 보세요. 활동북 2쪽

◇ 가 🍃 보다 더 [무겁다].

◇ 가 📙 보다 더 [가볍다].

51

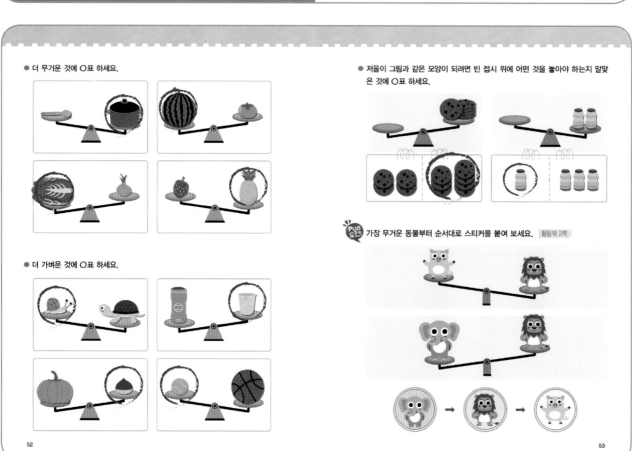

● 더 무거운 것에 ○표 하세요.

● 더 가벼운 것에 ○표 하세요.

52

● 저울이 그림과 같은 모양이 되려면 빈 접시 위에 어떤 것을 놓아야 하는지 알맞은 것에 ○표 하세요.

Plus 도전! 가장 무거운 동물부터 순서대로 스티커를 붙여 보세요. 활동북 2쪽

🐘 → 🦔 → 🐱

53

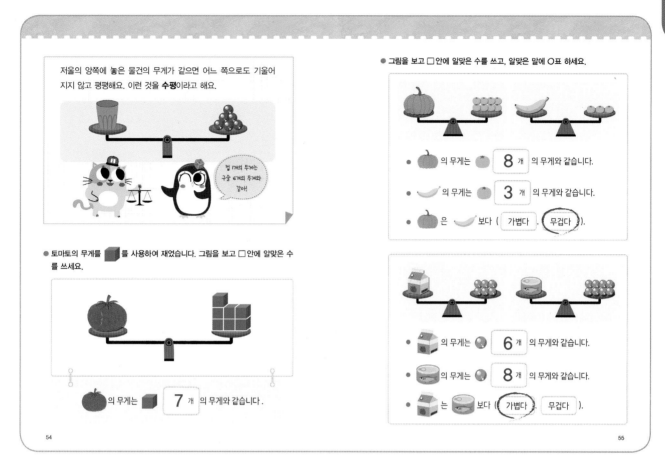

저울의 양쪽에 놓은 물건의 무게가 같으면 어느 쪽으로도 기울어 지지 않고 평평해요. 이런 것을 **수평**이라고 해요.

컵 1개의 무게는 구슬 6개의 무게와 같아.

● 토마토의 무게를 ■를 사용하여 재었습니다. 그림을 보고 □안에 알맞은 수를 쓰세요.

의 무게는 ■ **7** 개 의 무게와 같습니다.

● 그림을 보고 □안에 알맞은 수를 쓰고, 알맞은 말에 ○표 하세요.

- 의 무게는 **8** 개 의 무게와 같습니다.
- 의 무게는 **3** 개 의 무게와 같습니다.
- 은 보다 (가볍다 , (무겁다)).

- 의 무게는 **6** 개 의 무게와 같습니다.
- 의 무게는 **8** 개 의 무게와 같습니다.
- 는 보다 ((가볍다) , 무겁다).

54

55

LET'S PLAY

오래매달리기 시합 활동북 3쪽

● 동물들이 오래매달리기 시합을 합니다. 시합 전 철봉에 머리가 닿아 있어야 해서 받침대를 놓고 올라가야 합니다. 받침대 위에 알맞은 동물 스티커를 붙이고, 키가 가장 큰 동물부터 순서대로 쓰세요.

기린 → 개(강아지) → 쥐

땅따먹기 놀이

● 펭이는 파란색, 냥이는 노란색으로 땅을 색칠하려고 합니다. 펭이와 냥이 중에 누구의 땅이 더 넓을까요? 준비물 주사위, 색연필

1 가위바위보를 하여 이긴 사람은 파란색, 진 사람은 노란색 색연필을 준비합니다.
2 이긴 사람부터 주사위를 던져 나온 눈의 수만큼 빈칸을 색칠합니다.
3 더 이상 색칠할 곳이 없으면 게임을 마칩니다.
4 파란색과 노란색의 칸수를 세어보고 누가 더 넓은 땅을 얻었는지 ○표 하세요.

56

57

111

 확인 학습

● 원숭이는 토끼보다 꼬리가 더 깁니다. 토끼의 꼬리를 그려 보세요.

● 가장 긴 것에 ○표, 가장 짧은 것에 △표 하세요.

 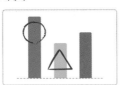

● 가장 짧은 것부터 순서대로 □안에 1, 2, 3을 쓰세요.

● 가장 좁은 뚜껑이 필요한 물건에 ○표 하세요.

● 펭이네 포도밭의 넓이에 맞게 스티커를 붙여 보세요. 활동북 3쪽

내 포도밭은 넓이가 5 야!   내 포도밭은 넓이가 8 이야!

● 색칠한 부분이 가장 넓은 것부터 순서대로 □안에 1, 2, 3을 쓰세요.

3   2   1

확인 학습

● 글을 읽고 알맞은 저울에 ○표 하세요.

냥이와 펭이의 무게는 같습니다.

● 저울의 빈 곳에 알맞은 스티커를 붙이고 알맞은 말에 ○표 하세요. 활동북 3쪽

시계는 액자보다 (가볍다 무겁다).

고양이는 쥐보다 (가볍다 무겁다).

● 저울이 수평이 되게 만들려고 합니다. 비어 있는 접시에 구슬 스티커를 붙여 보세요. 활동북 3쪽

● 곰 인형과 토끼 인형 중에서 더 무거운 것에 ○표 하세요.

PLUS 도전! 동물들의 무게를 ▨를 사용하여 재었습니다. 가장 가벼운 동물부터 순서대로 스티커를 붙여 보세요. 활동북 3쪽

PLUS-UP 도전!

경시대회 문제에 도전해보세요.

- 일이 일어난 순서대로 □안에 1, 2, 3, 4를 쓰세요.

- 시각에 맞게 긴바늘과 짧은바늘을 그려 보세요.

| 3시 | 7시 30분 | 12시 |

- 두 시계가 나타내는 시각이 다른 것을 찾아 ○표 하세요.

- 달력을 보고 물음에 답하세요.

6월

일	월	화	수	목	금	토
			1	2	3	4	5
6	7	8	9	10	11	12
13	14	15	16	17	18	19
20	21	22	23	24	25	26
27	28	29	30			

6월의 마지막 날은 **수**요일 입니다.

일요일은 모두 4번 있고 화요일은 모두 **5** 번 있습니다.

- 토요일을 나타내는 것에 색칠하세요.

금요일 전날 일요일 다음 날 월요일 전날 **금요일 다음 날**

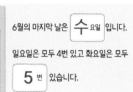

62   63

PLUS-UP 도전!

- 키가 두 번째로 큰 동물에 ○표 하세요.

- 필통의 길이를 바르게 잰 그림에 ○표 하세요.

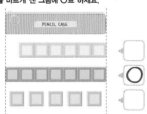

- 가장 넓은 부분을 칠한 색부터 빈칸에 순서대로 칠하세요.

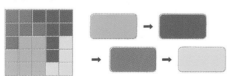

- 케이크의 무게는 쿠키 몇 개의 무게와 같은지 □안에 알맞은 수를 쓰세요

 4 개

- 가장 무거운 물건부터 순서대로 스티커를 붙여 보세요. 활동북 3쪽

- 가장 가벼운 물건부터 순서대로 스티커를 붙여 보세요. 활동북 3쪽

64   65

정답

113

세 번째 생각 열기

세 번째
생각 열기

유리 구두 찾기

신데렐라가 유리 구두를 찾으러 가는 길에 빨간색, 파란색 보석
이 놓여 있어요. 길에 놓여진 보석 색깔의 규칙에 맞게 따라가
면 쉽게 구두를 찾을 수 있어요. 구두를 찾으러 가는 길을 따라
선을 그어 보세요.

규칙을 찾았어?
난 잘 모르겠어

빨강 빨강 빨강?
아니, 빨강 빨강 파랑?
규칙을 찾을 때 반복되는 부분을
끼리 묶어봐~.

개념 탐구 1 반복되는 규칙 찾기

규칙에 맞게 꽃 심기

냥이가 마당에 꽃을 심었어요. 펭이는 냥이가 심은 꽃에 어떤 규칙이 있다
는 걸 알아차렸어요. 냥이가 심은 꽃의 규칙에 따라 빈칸에 알맞은 스티커
를 붙여 보세요. 활동북 3쪽

● 보기와 같이 모양에 따라 반복되는 규칙을 찾아 ◯로 묶어 보세요.

보기

일정한 규칙에 따라 반복되는
색깔, 모양, 크기 등을 '패턴'이라고 해요.
또, 일정하게 반복되는 부분을
'마디'라고 해요.

● 주차장에 있는 자동차들에 일정한 규칙이 있습니다. 규칙에 따라 빈칸에 알맞은 자동차 스티커를 붙여 보세요. 활동북 3쪽

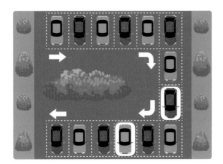

● 규칙에 따라 빈칸에 알맞은 스티커를 붙여 보세요. 활동북 4쪽

● 규칙에 따라 빈 곳에 알맞게 색칠하세요.

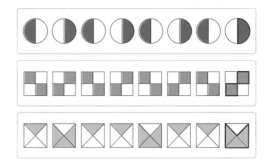

● 규칙에 따라 빈 곳에 알맞게 색칠하세요.

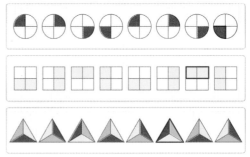

70

71

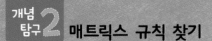
맛있는 빵 만들기

가로와 세로에 빵과 잼을 넣으면 맛있는 빵이 만들어지는 기계가 있어요. 빈칸에는 어떤 빵이 만들어지는지 알맞은 스티커를 붙여 보세요. 활동북 4쪽

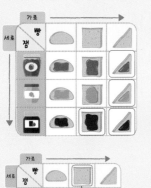

가로 줄과 세로 줄이 만나는 곳의 빈칸을 채우는 것을 '매트릭스'라고 해.

매트릭스는 조건에 맞게 빈칸을 채우는 활동이야.

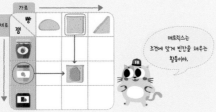

● 규칙에 맞게 빈칸에 알맞은 모양을 그리고 색칠하세요.

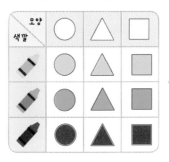

● 규칙에 맞게 빈칸에 알맞은 그림을 그려 보세요.

72

73

115

● 가로와 세로의 규칙에 맞게 매트릭스를 만들었습니다. 빈칸에 들어갈 모양에 ○표 하세요.

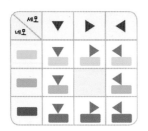

● 가로와 세로의 규칙에 맞게 매트릭스를 만들었습니다. 1 과 2 에 들어갈 모양에 ○표 하세요.

● 가로와 세로의 규칙에 맞게 매트릭스를 만들었습니다. 틀린 부분 2곳을 찾아 ╳표 하세요.

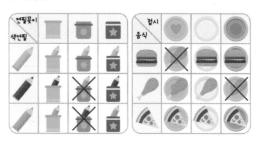

PLUS 도전! 가로와 세로의 규칙에 맞게 알맞은 스티커를 붙이고 만들 수 있는 쿠키의 종류는 모두 몇 가지인지 쓰세요. 활동북 4쪽

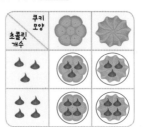

만들 수 있는 쿠키 **4** 가지

74

75

개념 탐구 **3** 관계의 규칙 찾기

🦉 단어 사이의 관계 알아보기

두 단어 사이의 관계를 알아보고 빈칸에 알맞은 단어에 모두 ○표 하세요.

| 하늘 | 파랑새 | : | 바다 | |

하늘에는 파랑새 그럼, 바다에는?

달팽이 오징어 장미 제비
고래 단풍나무 참새

두 그림 사이의 관계를 알아보고 빈칸에 알맞은 그림에 ○표 하세요.

● 관계있는 것끼리 선으로 이어 보세요.

● 그림 사이의 관계를 알아보고 빈칸에 알맞은 그림에 ○표 하세요.

76

77

116

● 주어진 조건대로 모양을 바꿔주는 신기한 기계가 있습니다. 빈칸에 알맞은 스티커를 붙여 보세요. 활동북 4쪽

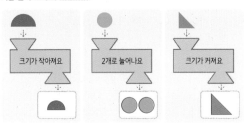

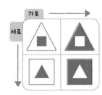

가로와 세로의 규칙에 맞게 매트릭스를 만들었습니다. 물음에 답하세요.

1 가로 방향에는 어떤 규칙이 있는지 알맞은 것에 ○표 하세요.
색칠한 부분의 위치가 바뀌었습니다. ○
모양의 위치가 바뀌었습니다. ▢

2 세로 방향에는 어떤 규칙이 있는지 알맞은 것에 ○표 하세요.
색칠한 부분의 위치가 바뀌었습니다. ▢
모양의 위치가 바뀌었습니다. ○

78

LET'S PLAY

나만의 패턴 만들기 활동북 6쪽

1 주머니를 준비하여 패턴 카드 6장을 넣어 주세요.

2 패턴 카드를 2장 또는 3장을 뽑아 주세요.

3 뽑은 카드의 모양으로 나만의 패턴을 만들고, 빈칸에 알맞게 그려 보세요.

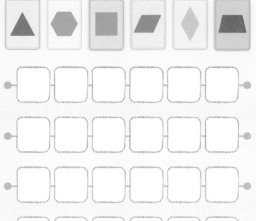

79

확인 학습

● 반복되는 모양을 찾아 패턴의 마디를 ○로 묶어 보세요.

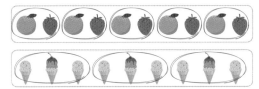

● 가로와 세로의 규칙에 맞게 매트릭스를 만들었습니다. 물음에 답하세요.

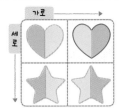

1 가로 방향에는 어떤 규칙이 있는지 알맞은 것에 ○표 하세요.
왼쪽과 오른쪽의 색깔이 바뀌었습니다. ○
모양이 바뀌었습니다. ▢

2 세로 방향에는 어떤 규칙이 있는지 알맞은 것에 ○표 하세요.
왼쪽과 오른쪽의 색깔이 바뀌었습니다. ▢
모양이 바뀌었습니다. ○

3 규칙에 맞게 빈칸에 알맞은 스티커를 붙여 보세요. 활동북 4쪽

80

● 두 단어 사이의 관계를 알아보고 빈칸에 알맞은 말을 보기에서 찾아 쓰세요.

보기 송아지 오른쪽 얼룩말 앞쪽 개구리

● 규칙에 맞게 빈 곳에 알맞게 색칠하세요.

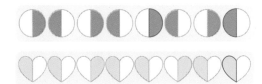

그림을 보고 모양의 규칙을 찾아 빈칸에 알맞은 모양을 그려 보세요.

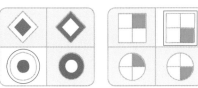

81

117

네 번째 생각 열기

모두 합하면 얼마인가요

펭이와 냥이가 슈퍼마켓에서 식빵과 우유를 사고 거스름돈을 받았어요. 펭이와 냥이가 받은 거스름돈은 모두 얼마일까요? 1원짜리, 5원짜리, 10원짜리 동전의 개수만큼 빈칸에 스티커를 붙이고 얼마인지 쓰세요.

활동북 4, 5쪽

10원짜리 동전	5원짜리 동전	1원짜리 동전
10 10 10 스티커	5 5 스티커	1 1 1 1 스티커
30 원	**10** 원	**4** 원

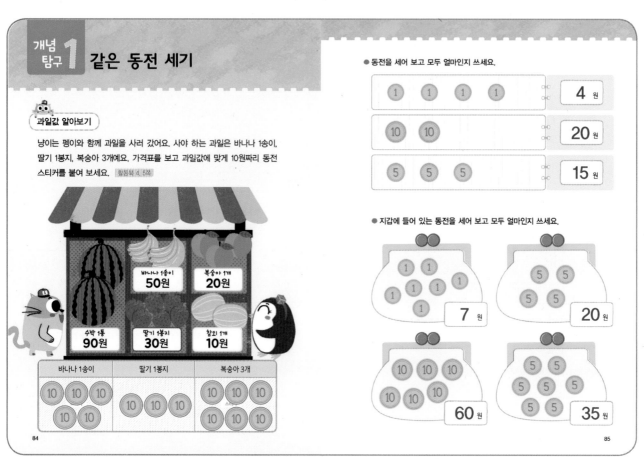

개념 탐구 1 같은 동전 세기

과일값 알아보기

냥이는 펭이와 함께 과일을 사러 갔어요. 사야 하는 과일은 바나나 1송이, 딸기 1봉지, 복숭아 3개예요. 가격표를 보고 과일값에 맞게 10원짜리 동전 스티커를 붙여 보세요. 활동북 4, 5쪽

바나나 1송이 **50원**　복숭아 1개 **20원**
수박 1통 **90원**　딸기 1봉지 **30원**　참외 1개 **10원**

바나나 1송이	딸기 1봉지	복숭아 3개
10 10 10 10 10	10 10 10	10 10 10 10 10 10

● 동전을 세어 보고 모두 얼마인지 쓰세요.

1 1 1 1 　　**4** 원

10 10 　　**20** 원

5 5 5 　　**15** 원

● 지갑에 들어 있는 동전을 세어 보고 모두 얼마인지 쓰세요.

1 1 1 1 1 1 1 　**7** 원

5 5 5 5 　**20** 원

10 10 10 10 10 10 　**60** 원

5 5 5 5 5 5 5 　**35** 원

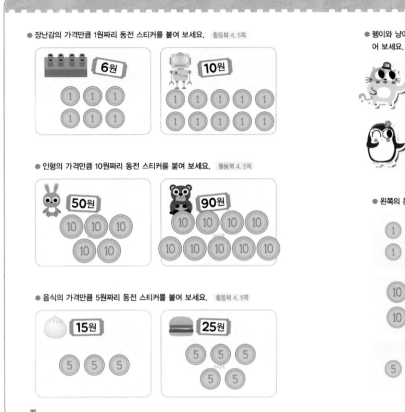

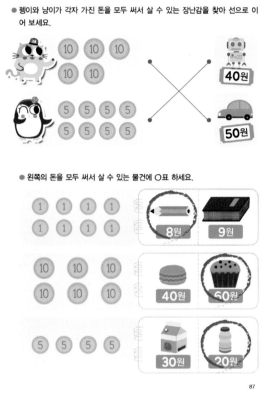

86

87

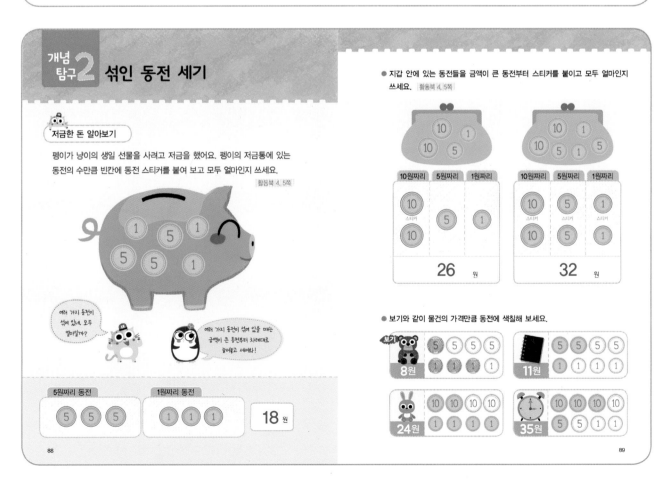

88

89

정답

119

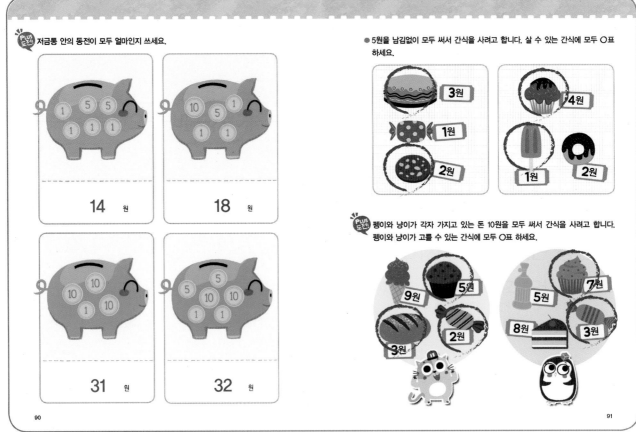

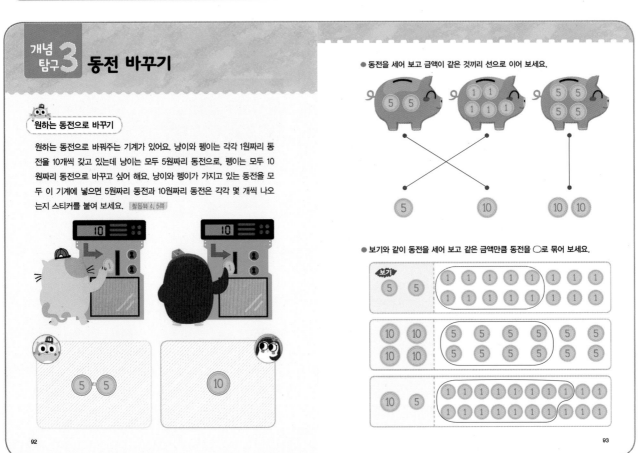

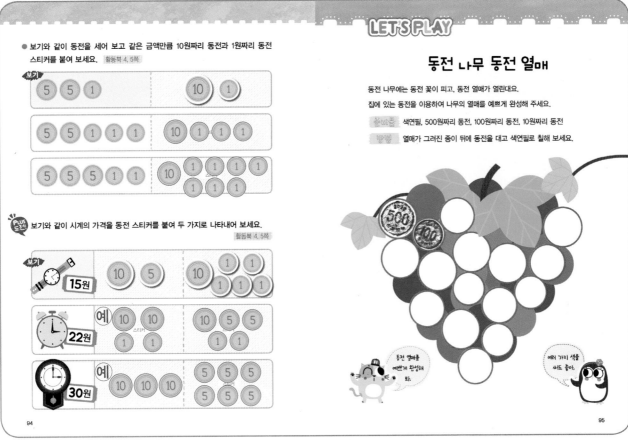

● 보기와 같이 동전을 세어 보고 같은 금액만큼 10원짜리 동전과 1원짜리 동전 스티커를 붙여 보세요. 활동북 4, 5쪽

LET'S PLAY

동전 나무 동전 열매

동전 나무에는 동전 꽃이 피고, 동전 열매가 열린대요.
집에 있는 동전을 이용하여 나무의 열매를 예쁘게 완성해 주세요.

준비물: 색연필, 500원짜리 동전, 100원짜리 동전, 10원짜리 동전

방법: 열매가 그려진 종이 뒤에 동전을 대고 색연필로 칠해 보세요.

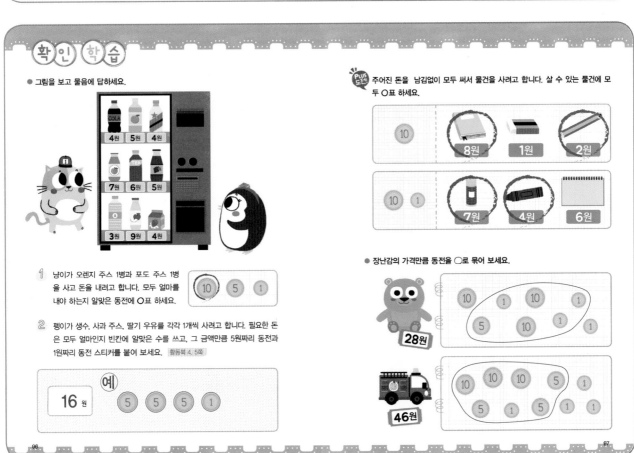

확인 학습

● 그림을 보고 물음에 답하세요.

1. 냥이가 오렌지 주스 1병과 포도 주스 1병을 사고 돈을 내려고 합니다. 모두 얼마를 내야 하는지 알맞은 동전에 ○표 하세요.

2. 펭이가 생수, 사과 주스, 딸기 우유를 각각 1개씩 사려고 합니다. 필요한 돈은 모두 얼마인지 빈칸에 알맞은 수를 쓰고, 그 금액만큼 5원짜리 동전과 1원짜리 동전 스티커를 붙여 보세요. 활동북 4, 5쪽

예 16 원

주어진 돈을 남김없이 모두 써서 물건을 사려고 합니다. 살 수 있는 물건에 모두 ○표 하세요.

● 장난감의 가격만큼 동전을 ○로 묶어 보세요.

28원

46원

PLUS-UP 도전!

경시대회 문제에 도전해보세요.

● 색깔과 크기의 규칙을 찾아 보고 빈칸에 알맞은 모양에 ○표 하세요.

● 규칙을 찾아 빈 곳에 알맞게 색칠하세요.

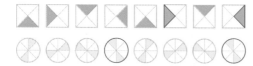

● 색깔과 모양의 규칙을 찾아 보고 빈칸에 알맞은 모양을 그려 보세요.

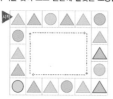

98

● 가로와 세로의 규칙에 맞게 매트릭스를 완성하려고 합니다. 빈칸에 알맞은 모양을 그려 보세요.

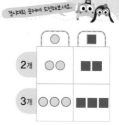

● 물건의 가격만큼 동전을 색칠해 보세요

● 낭이가 가진 돈을 모두 1원짜리 동전으로 바꾸려고 합니다. 1원짜리 동전 몇 개로 바꿀 수 있는지 빈칸에 알맞은 수를 쓰세요.

● 다음 금액을 동전 스티커를 붙여 두 가지로 나타내어 보세요. 활동북 4, 5쪽

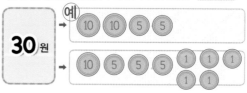

99

생활 속에서도 여러 가지 수학을 만날 수 있네~

이번에 공부한 내용을 생활 속에서 잘 활용해 보자.

메모

메모